哈佛经典

名家讲座

Harvard Classics

人类探索的历史

【美】查尔斯·艾略特（Charles W.Eliot）/ 主编

刘庆国　宿哲骞 / 译

中华工商联合出版社

图书在版编目（CIP）数据

人类探索的历史/（美）查尔斯・艾略特主编；刘庆国，宿哲骞译. --北京：中华工商联合出版社，2018.1

ISBN 978-7-5158-2167-2

Ⅰ. ①人… Ⅱ. ①查… ②刘… ③宿… Ⅲ. ①自然科学一普及读物 Ⅳ. ①N49

中国版本图书馆 CIP 数据核字（2017）第 314281 号

人类探索的历史

作　　者：（美）查尔斯・艾略特（Charles W. Eliot）
译　　者：刘庆国　宿哲骞
出 品 人：徐　潜
策划编辑：魏鸿鸣
责任编辑：林　立　崔红亮
封面设计：周　源
责任审读：魏鸿鸣
责任印制：迈致红
出版发行：中华工商联合出版社有限责任公司
印　　刷：天津旭丰源印刷有限公司
版　　次：2018 年 1 月第 1 版
印　　次：2023 年 4 月第 4 次印刷
开　　本：710mm×1020mm　1/16
字　　数：83 千字
印　　张：10.5
书　　号：ISBN 978-7-5158-2167-2
定　　价：39.80元

服务热线：010－58301130
销售热线：010－58302813
地址邮编：北京市西城区西环广场 A 座
19－20 层，100044
http://www.chgslcbs.cn
E-mail：cicap1202@sina.com（营销中心）
E-mail：gslzbs@sina.com（总编室）

向经典致敬

《哈佛经典》代前言

这里向各位书友推介的是被中国现代新文化运动先驱者的胡适先生称为“奇书”的《哈佛经典》。这是一套集文史哲和宗教、文化于一体的大型丛书，共50册。这次出版，我们选择了其中的《名家（前言）序言》《名家讲座》《英美名家随笔》《文学与哲学名家随笔》《美国历史文献》，这些经典散文堪称是经人类历史大浪淘沙而留存下来的文化真金，每一篇都闪烁着人类理性和智慧的光辉。有人说，先有哈佛后有美国。因为在建校370多年的历史中，哈佛培养出7位美国总统，40多位诺贝尔奖得主，政界、商界、科技、文艺领域的精英不计其数。但有一点，他们都是铭记着“与柏拉图为友、与亚里士多德为友、更与真理为友”的校训成长、成功的。正像《哈佛经典》的主编，该校第二任校长查尔斯·艾略特所言：“我选编《哈佛经典》，旨在为认真、执着的读者提供文学养分，他们将可以从中大致了解从古代直至十九世纪以来观察、记录、发明以及想象的进程，作为一个二十世纪的文化人，他不仅理所当然地要有开明的理念或思维方法，而且还必须拥有一座人类从荒蛮发展为文明进程中所积累起来的、有文字记载的关于发现、经历，以及思索的宝藏。”这些文字是真正的人类思想的富矿，是取之不尽用之不竭的智慧宝藏，具有永恒的文化魅力。

从文献价值上看，它从最古老的宗教典籍到西方和东方历史文献都有着独到的选择，既关注到不同文明的起源，又绵延达三个世纪之久，尤其是对美国现代文明的展示，有着深刻的寓意。

从思想传播上看，《哈佛经典》所关注到的，其地域的广度、历史的纵深、文化的代表性都体现了人类在当时特定历史条件下所能达到的思想巅峰，并用那些伟大的作品揭示出当时人类进步和文明的实际高度。

从艺术修养的价值来看，《哈佛经典》涵盖了历史、哲学、宗教论著和诗歌、传记、戏剧散文等文学样式，甚至随笔和讲演录也是超一流的，它们都是那个时代精品中的精品。

《哈佛经典》第19卷《浮士德》中有这样一句名言，“理论是苍白的，只有生命之树常青”。让我们摒弃说教，快一点地走进《哈佛经典》，尽情地享受大师给我们带来的智慧的快乐，真理的快乐。

目 录

航行与探险

教 育

自然科学

传　记

航行与探险

sailing and adventure

简 介

R·B. 狄克逊

为了欣赏，为了体验，

为了看这广袤的大千世界。

大约从远古时代开始，这两句诗中所蕴含的精神就已经成为人类历史中有益的元素，猴子和猩猩具有极发达的好奇心，有人因此推测在人类出现之前，我们的祖先就去探索外面的世界，虽然如此，在人类的脚步踏遍地球之前，人类一定是已经有意识地进行了探险和旅行。随着人口的增加，食物开始供不应求，能够找到食物的地方越来越少，人类便意识到应该开拓土地和进行人口迁移，于是便去探索周围能够生存并有吸引力的地方，寻找条件好的地方迁徙。这并不是迫于战争或征服的迁徙。人类早期的迁移还是以自发为主；所以这些原始的侦查员和探险家是最早探险的倡导者，探险史也和人类历史一样古老。

史前的探险

人类真正意义的探险是发生在史前，因为早期的探险者对所探寻的地方一无所知，从未见到人类的足迹。当人类已经遍布大半个地球时，并不意味着探险的终结。寻找食物和渔猎的地方，在农业社会到来以后继续进行寻找适合生存的土壤的探索，无疑是一代一代传承下去。在人类文明发展的漫长历史中，随着人口的不断增加，不同的人群会对同一个地方进行一遍一遍地探索，可是这些大量的探险者却只留下很少的清晰的痕迹，在人类有记载的历史开始以后才有探险的记录。

虽然我们没有关于史前这些探险的记载，但是对当今世界原始部落的观察，我们可以大致了解史前探险家的特点。现在和过去一样，总有些不愿意活动待在家里的人，在狭小的世界里心满意足过完一生。他们所待的地方不过方圆几十里，征服和做生意的欲望都不能让他们走出那狭小的世界。但是现在与过去一样，也还是有一些具有强烈的探险精神的人，他们在家里会坐立不安，生来就有出去寻找食物、征服别人和做商贸的欲望；在这样一个部落，如因钮特部落，一个人所到的地方可能会有1000英里。不过总体来说，这样大范围的探险在原始部落里还是比较少见的。古老的波利尼西亚人为了寻找新大陆，他们乘着小舟南下，飘过充满阳光的海洋，最后到达满是大雾和薄冰的南极洲，他们的勇敢和航海技术就非常值得人们称赞。

征服的欲望

有史以来另一种支配人类力量的是战争和征服，探险家并不以增加财富为目的，而只是为了丰富的经历，他们需要来去自由，并不在乎世界归谁所有。而征服者需要占有，占有和复仇的欲望使野蛮人和文明人向遥远的异地进军。易洛魁人因为痛恨苏人，便成群结队或个人从哈得逊河向西1000里去密西西比攻打他们，匈奴王和其他部落的首领带领上万人从远东进军中世纪的欧洲。亚历山大征服了大半个古老的世界，科尔特斯人和皮泽洛人则征服了大半个新世界。征服者在不同时期的战争中或多或少成为探险家。对征服者来说，吸引他们的是一个国家的财富而不是美丽的风景。即便是他们对这个国家的人民感兴趣，也仅仅是为了欺压他们。

宗教的力量

驱使人们奔走他乡的另一个动机是宗教，受此影响，人类有了朝拜者和传教士，有些甚至成了历史上的伟大探险家。对所信奉的宗教圣地的向往，使朝拜者不辞辛苦长途跋涉，为了那个遥远的圣地，他们不惜孤身一人或成群结队走过千万里路程；他们憧憬着到达圣地的情景，无心欣赏一路的风景，只踏着一代一代朝圣者的足迹，像羊群一样跟随着彼此的脚步，走在蜿蜒曲折、充满艰辛的漫长的道路上，这也成为一种习性，一种传统，世世代代传承，成千上万的朝圣者一直艰难地跋涉着；从古代的中国和亚洲其他地方前往印度生物圣地，从欧洲的腹地前往中世纪的耶路撒冷；从伊斯兰世界的各个角落前往现在的麦加；他们寻觅的是对灵魂的救赎，所得到的是精神的奖赏；我们应该理解他们为什么一路对世界风光不感兴趣。

朝圣从某种意义上说是向心的，是吸引着朝圣者从已知的路线奔向那个中心的信仰，而传教士的传教是“离心”的，驱使传教士沿着从未走过的路去探寻未知的世界是中心的信仰，所以，传教士与朝圣者相比，更可以称为探险家。这些传教士带着信仰走过千山万水，激励他们的是火一样的热情，他们对未来不知道应有什么期待，因为他们每前进一步展现在眼前的都是一个新的世界。

商业的动机

宗教和征服的欲望虽然是驱使人们探险的重要力量，但是比此范围更大而且更具有广泛性力量的却是贸易和商业。从以前寻找外来产品和商品，到现在为国内产品出口寻找新的市场，人类的足迹遍布了天涯海角。十三世纪重大的探险、远征，还有十八世纪末科学探险的萌芽，都是商业的驱使。对探险的商人来说，了解一个国家及其产品，这个国家的百姓及他们的需求，远比对传教士重要。运输商品的快捷而安全的通道，新原料的来源和新市场的开辟，是商人成功的条件。了解当地人的性情和风俗习惯对商人至关重要。一条新的、更便捷的通道会让他在竞争中占有优势；开辟到达东印度群岛的新路径使人类迎来了探险史上最辉煌的半个世纪。在这一历史阶段，进入文明世界的欧洲所了解的世界比以往增加好几倍。

科学的激励

进入十八世纪末期，对科学单纯的好奇成为旅行的一个重要动机，但在更早一些时候，对科学的好奇已经成为一些人的重要驱动力。为了寻求知识，渴望对已知世界的拓展，哪怕只有一点点；因此说这不仅是现代人才有的品质，在这成为一个重要因素之前的一个半世纪里，对科学兴趣的拓展已经成为必然的发展趋势。对科学的爱好和科学探险互相促进，对科学的探险大大增加了人类的知识量，这些都为现代科学结构的建立奠定了基础。人类探索未知世界并追求理想，曾经是为了宗教，现在则是为了科学。

自从有了人类，探险就产生了，由于动机不同，从古至今探险者也各具特色。这些探险者他们留下了大量的资料文献，激起了后人无穷的乐趣。在收集事实和扩展新的知识外，这些文献还栩栩如生地记录了探险者的性格，面对困难的勇气和克服障碍的决心，还有他们屡次表现出来的最真实和高尚的英雄主义及自我牺牲的精神。可是，在这些探险者中，早期留下的记录和后期探险者相比非常少。从历史的角度来看，这些记录可以分为比较分明的几个部分或时期，所不同的不仅在于所发生的年代，更在于动机不同。

有记录的探险初级阶段

希罗多德十五世纪的旅行是有记录以来的第一个也是最早的阶段，他在埃及、巴比伦和波斯的游历留下了最早的对这些国家的准确记录，他也成为最早的科学探险家。他行走的路径广泛，而且认真收集了所到国家的实际情况和历史信息，就是一个准确而刻苦的观察家。同一时期，迦太基人安诺沿着非洲西海岸远到波斯湾的勇敢探险，是为了这个伟大的商业民族的商业不断发展壮大；他说明即使在早期，贸易就已经是驱使人们探险的最重要的动机之一了。有趣的是，人类在这些早期的探险中第一次发现了猩猩，并把它们当成全身长满毛发、凶猛强悍的人，安诺还抓获了几只猩猩，想把活着的它们带回迦太基，可是因为猩猩凶猛，只能把它们杀了，只带了猩猩的皮回去。大约一世纪以后，亚历山大扬帆远航，他是为了满足征服的欲望，当然也有探险的意图。他不仅带回了最早的关于印度的准确记录，还验证了从海上可以通行到印度。随着罗马帝国的崛起，这个早期探险阶段告了一段落。从那时起到四世纪或者五世纪，探险活动终止了。地中海世界的关注点也转移到了征服已知的世界，而不是扩展这个已知世界的边界。

第二个阶段——朝圣者和传教士

四世纪是探险第二个阶段的开始，而其延续了七八百年，这段时期探险的主要特征是以宗教为动力，因为探险者主要是朝圣者和传教士，还有在这个阶段末期以宗教为口号、从撒拉逊人夺回耶路撒冷的十字军战士。前面已经说过，朝圣者虽然是旅行者，但不是探险者，他们关注的是最终的目的。在布满荆棘的长途跋涉中寻找精神的奖赏。朝圣者多是地位低下、没受过什么教育的文盲，因此也没留下记录。不过，在欧洲各地前往巴勒斯坦的朝圣人群中，也有一些地位高、有学识的人，值得注意的是，朝圣者中并不都是男性。在这个时期，许多女人也走上了朝圣这条艰难的征途。如阿基坦的希尔维娅，就是有地位的女子。在公元三百八十年，她不但去了耶路撒冷和其他几个圣地，还去了阿拉伯和美索不达米亚的部分地区，在这几年的游历中留下了很有意义而又简洁的记录，因此被称为最早的伟大女旅行家。在七、八世纪中，朝圣者在增加，因此这一时期留下了更多的朝圣记录。一位来自肯特的名叫威利鲍尔德、很有地位的朝圣者留下了关于英国人探险的最早的游记故事，他生动地记录了从巴勒斯坦回英国的路上所发生的事情；他好像想从巴勒斯坦带一种香脂回英国，但是担心被海关没收，因为巴勒斯坦本国的贵重东西是不允许带出国门的，这是他们朝圣时的保证；威利鲍尔想到一个很聪明的走私办法，他把香脂装到一个葫芦里，再找来一根大小正好可以塞进葫芦里的芦苇，把芦苇的端塞住，往里面灌满汽油，然后把芦苇放进葫芦口里，将多余的一段剪掉，与葫芦口齐平，最后塞上塞子。到了阿尔切，海关检查他的行李，发现了葫芦，把葫芦打开后只闻到和看到汽油，就让他过了海关。这个故事说明古代和现代的旅行者都要受到海关规章制度的约束，但是人总会想办法规避这些约束。

在欧洲，朝圣者留下的记录和见闻不仅数量少，而且简短粗糙，令人失望。但在遥远的中国确是另一番景象，在那里，朝圣者数量很少，可是流下来的记录却很有价值。当时有两个很重要的朝圣者，他们从中国北方出发，前往释迦牟尼出生和圆寂的圣地，参考并抄写了一些圣典，他们留下来的不仅是有趣的游记记录，也是对当时印度和印度人们最有价值的记载。他们到了土耳其斯坦，穿过了帕米尔高原；法显在将近十五年的游历之后，从锡兰走海路回国，两人都留下了详细的见闻记录。与欧洲的旅行者相比，他们更懂得欣赏沿途的自然风光。无论是那时还是现代的旅行者，都有感到寂寞的时候，回家心切。法显留下的一个故事就表达了这样的心情，他在异国他乡生活了将近十五年，在锡兰，有一天他看见一个商人手里拿着一把从中国带来的白色丝绸做的扇子，思乡之情油然而生，他再也无法忍受孤独的漂泊，马上启航返回了家乡，虽然途中遇到了很多危险，但最终还是平安回到了故乡。

与满腔热情的传教士相比，欧洲朝圣者这一时期留下的记录就更少，这一时期传教士传教主要去往南边的阿比西尼亚和东方的中国及印度；关于阿比西尼亚的记录很少，关于中国和印度几乎没有任何记录，但是我们还是从不同途径了解到，当时传教活动在整个印度、中亚和中国是非常兴盛的。现在了解到，在七、八、九三个世纪中，基督教的传教行为非常活跃，传教士也是很了不起的旅行家，他们的足迹遍布了大半个中国和印度的大片海岸；可惜没有记录留下来。虽然阿罗本和景净两个传教士被载入中国史册，但大部分传教士名不见经传。令人惊讶的是，在世界的另一端——爱尔兰，这时期还活跃着其他游历的传教士。在爱尔兰，八世纪时留下了一些北方法罗群岛的探险记录，只是有价值的信息较少。

探险的阿拉伯人

这一时期很重要的探险家是一群阿拉伯人，七世纪伊斯兰教的兴起促使阿拉伯人开始远征，一部分人出于对传教的热情，一部分人出于征服的欲望；在伊斯兰教纪元以前，就已经有商人和其他探险家从阿拉伯前往锡兰、印度和非洲海岸，后来伊斯兰教的迅速传播带动了贸易的发展。这些传教者没有留下关于游历的记载，但之后的商人和旅行者则记录了这些行程。这是宗教冲突和征服欲望相结合的例证，激励很多人踏上征途，并为后人开辟道路。早期最有名的阿拉伯探险家应当是苏莱曼和马斯欧迪，苏莱曼是一个商人，他经商所经过的地方远至中国海岸；马斯欧迪则像一位地理学家和旅行家，他行走的记录不但有远东，还有非洲海岸。两个人特别是马斯欧迪留下的大量游记，让我们了解到许多关于那个时代的生活和环境的趣事，但是在很多方面，更有趣的是那些没有名气的旅行者留下的游记，比如《天方夜谭》中大家所熟悉的水手辛巴达的航行，就是来源于这些无名旅行家的部分游记。我们大概可以确认著名航行中提到的这个令人尊敬的水手所到过的地方有印度、锡兰、马达加斯加和中国，他所记载的印度半岛采集樟脑的过程，正是当地人采用的方式；那个著名的趴在辛巴达背上的海上老人提到的苏门答腊和周边的红猩猩，现在的人都相信是真的。阿拉伯人不仅成了伟大的探险家，他们发明的探险的方法使十五世纪和十六世纪探险的大规模发展成为可能。在与中国人的交往中，阿拉伯人学会了使用指南针，而且把指南针传到了地中海，因此给欧洲航海家提供了一个扬帆远航的工具，使他们更快地发现了新世界。

维京人和十字军战士

尽管宗教和宗教动机成了这个时期旅行的主要特点，但并不是唯一的因素，如果说在地中海沿岸地区，探险精神近于消失，可是在北欧却非常活跃，维京人，也叫“峡湾人”，起初向南边的法国和西班牙富庶的海岸发起海盗式的进攻，后来把关注点转向西方，开始以真正探险精神挺进神秘的大西洋。他们先到了冰岛，然后到格陵兰岛，最后在十一世纪到了美洲的北海岸。这些航海的记录在神话传奇中都保留下来了。虽然信息量不大，《红头发埃里克传奇》仍然是第一份关于新世界的记录。

古斯堪的纳维亚人在北欧这些探险活动之后就进入了一个新的历史时期，这一时期，在遥远的南方国家，探险的兴趣开始复苏，一部分是以前宗教探险的继续，并转变成十字军战士的征战。一部分是因为当时发生在遥远的古代中国的政治事件；还有一部分是因为贸易的迅速发展。

蒙古帝国的扩张

十三世纪是一个重要的时期，其主要事件是东亚蒙古势力在成吉思汗统治下迅速崛起。在稳定了东方之后，蒙古人把目光转向了西方，横扫中亚，进攻了欧洲。虽然在一二四一年欧洲人在莱格尼察战役中打败了蒙古人，但是欧洲人担心他们再次来袭击，教皇便派了一个外交使团到成吉思汗的首府，欧洲人才第一次见到这个古老中国的强大与富庶。商人和贸易也迅速兴起；威尼斯在当时是与东方进行贸易的“领头军”，威尼斯商人利用教皇使者去往中国的道路到达中国这个富裕的市场。在这一背景下，马可·波罗在这个世纪末开始了他著名的旅行。他在外游历二十年，在这期间他到过中国很多地方，还曾经以蒙古国指派官员的身份从中国海岸到了爪哇岛和印度。当时的蒙古国在成吉思汗的统治下达到了鼎盛。当马可·波罗最后返回欧洲时，却身陷囹圄，与他关在同一个监狱里的犯人记录了他的口述的旅行经历，他传奇的游记得以保存下来。他的叙述很准确，他对各种各样神奇事件的描述都有很强的可信度；而同一时期其他旅行者和商人的记录则没那么准确。很有名气但纯属虚构的约翰曼德维尔爵士的游历就是根据马可·波罗的一部分游记创作的。但是目前还有一种传说，认为《马可·波罗游记》是有一位从未离开家乡的内科医生所撰写的，看来编造游记绝不是现在才有的事。虽然马可·波罗和其他欧洲旅行家成就很大，但是一直到十五世纪还很活跃的阿拉伯人也很出色；甚至超越了他们。有史以来，阿拉伯旅行家中最伟大的是伊本·白图泰，丹吉尔的内科医生。他不断游走二十五年，不仅到过东方各地的印度半岛、俄罗斯南部的大草原，非洲赤道的东海岸，还穿过了撒哈拉沙漠到了延巴可图和西边的尼日尔海峡。

去往东印度群岛的路线

十五世纪，印度群岛贸易的快速发展成为探险的巨大推动力，指南针的引进极大地促进了航海的发展，陆上的东方因当时的政治事件而被切断，欧洲人只好从海上寻找新的路线。在航海家亨利王子的影响下，葡萄牙涌现出第一批络绎不绝、试图绕过非洲到印度群岛的旅行家和探险家；他们沿着西边的海岸一步步向南行进，六年以后，在哥伦布开始他伟大的航海之前，迪亚斯发现并绕过了好望角，十一年以后瓦斯科·达伽马也从这里绕过好望角一直向前到了印度，三年后，卡布拉尔也进军印度，但向西走得比较远，到了巴西海岸，发现了新世界的大部分地方。

所以葡萄牙说非洲南部是他们的旅行家发现的，但是最大的应该属于发现了新世界的西班牙人，伟大的热内亚的发现激励了更多的探险家，韦斯普奇就是其中的一个，他向西班牙航行时发现了委内瑞拉，后来又发现了葡萄牙，在南美洲探险时到达了拉普拉塔，所有的探险家都是以东印度群岛和到达这一地域的路线为目的。直到十六世纪二十年代，葡萄牙人麦哲伦奉西班牙国王的命令出行才最终取得了成功。在遥远的南部，麦哲伦发现了横亘在欧洲和东方诱人的市场之间的一面墙，他开始为了越过太平洋在1521年到达了菲律宾，但后来在与当地人冲突中丧生。虽然他自己没有到达航行目的地，他的航船载着剩余的人取道好望角返回了西班牙，因此麦哲伦成为最早环游世界的探险家。

美洲的探险时代

十六世纪的前五十年，各种探险与征服行动频繁，可以称为是人类探险史上最辉煌的时代。人们不仅在海上发现了新大陆，探险家像北方的科罗纳多和南方的奥雷亚纳还继续前行上万里路去探索新大陆的大片土地，奥雷亚是第一个越过南美到达亚马逊的探险家。墨西哥的科尔斯特和秘鲁的皮泽洛两个人目的不同，但是他们的足迹踏遍了新世界两个最伟大、最文明的国家。

这一段时期，意大利、葡萄牙和西班牙的探险家声名大振，北欧一些国家的探险者也在此行列，英国、法国、荷兰开始加入到探险者群体中，卡波特、卡迪尔和哈得逊这几个振聋发聩的名字证明了这几个国家在探险中的实力，所记载的罗利不幸的圭亚那探险之旅和德雷克航行环球的伟大成就是很有意义的，也让我们看到了英国人在那个动荡年代所担当的角色。德雷克和伊丽莎白时期海盗的主要目的就是要攻打和抢劫新世界西班牙繁荣的商业；其他如罗利和吉尔伯特，他们则是为了占有和稳定已经发现的领土，但是人们仍然没有放弃走捷径到东方这一古老国家的愿望，费罗比舍，戴维斯，还有其他的人，不断地寻找西北通道。

十七世纪，法国出现了许多有史以来最伟大的探险家，塞缪尔、拉萨尔、马凯特、皮埃尔·高提耶和一些神职人员和普通的信徒是探险法兰西的先锋，所有的探险者都为他们的探险经历和生活的故事而感到自豪。

当法国人在美洲探险，在新西兰和澳大利亚也活跃着一些勇敢的荷兰探险家，十七世纪中叶西班牙人发现了澳大利亚，此后荷兰人效仿着葡萄牙人在非洲的行为，也沿着澳大利亚西海岸向南行进，最后以塔斯曼人的远征完美结束。塔斯曼人不但证明了澳大利亚是一个岛屿，还最先发现了新西兰。

科学探险时期

以库克船长的航行开始了探险史上最后一个最辉煌的时期，他在 1768 年从英国出发，第一个进行了科学探险。他的主要目的是在南太平洋中新发现的社会群岛上观测维纳斯凌日，这是当时科学家都感兴趣的一个天文现象。这支探险队伍中还有几位科学家，探险的任务还有采集标本、进行调查。从这以后，无论是大规模探险队还是单个探险者，都带着科学的态度和目的去世界各地观察自然现象或采集标本。一个个伟大的国家将科学探险的接力棒接过来，直到科学探险达到今天的巨大规模。达尔文著名的贝格尔号航行和华莱士在东印度群岛历时多年的游历揭开了科学探险新的一页，昭示了带有理想的探险会带来多么辉煌的成就。寻找极地的探险也是科学发展的重要内容，极地探险既是一个目标，也是一个理想，没有任何商业动机和实际价值。为了到达极地——未知世界的最后堡垒，人们不断地与各种艰险进行斗争，屡次遭遇痛苦和死亡的威胁。指引他们勇敢前行的不仅是科学理想的火焰，对很多人来说，也许科学理想之光焰微弱而执着，但对探险家来说，激励他们的还有真正内心的燃烧的熊熊火焰；真正的探险家更注重实践的过程，而不是结果，所以，探险是他们必须完成的使命。

对人类早期探险史的回顾证明了人类探险的兴趣与足迹是极其广泛的，在这些广阔的历史画卷中，我们看见了广袤的地形。尽管我们只能见到高耸的山峰，但并不意味着依偎在山峰脚下的沟壑就没有风景。虽然我们着重记录了那些著名的探险家和探险活动，但绝不是忽视那些探险范围相对较小的无名探险家。有许多默默无闻的探险家，虽然他们的足迹并没有踏遍千山万水，但是他们掌握了当地的丰富的知识、细致的客观观察、饱含深情的文字，令读者爱不释手。我们也会因此受到鼓舞，会利用任何机会去了解我们周围的人和世界。

探险的形式

我们在阅读不同时代探险家留下的记录，总会被他们探险的各种不同方式所震惊。很多探险家提到现代的探险，都认为是舒适便捷和安全的——至少在文明世界的广阔大道上，今昔的探险条件对比还是很鲜明的。早期的探险家往往孤身一人，有时只能靠伪装；与现代探险家相比，他们遭遇到更多的艰辛、危险和磨难，没有过多的准备，缺少专业的装备，他们探险的进度一般都比较缓慢，在路上的饥寒交迫是常有的事。沿途只能依靠并不可信或友善的人提供的信息，所以常常迷路；又因为没有正常和直接的通讯渠道，他们经常要走许多弯路才能到达目的地。现在的探险条件极大地改善了，无论是孤身一人还是精心组织探险队伍，都能避免很多困难和危险，各种不同的、轻便的专业设备和充足的物资条件使探险更为舒适和安全，并加大了探险成功的可能性。到人迹罕至的未知世界去探险，比在文明世界里探险进度要缓慢。而现在的旅行家好人探险家即使去遥远的地方也比过去方便得多，可以更迅速和安全地到达未知世界。

探险的乐趣与意义

对于探险的乐趣和益处不必要说了，因为实在是太明显了。新的地方，新的人和新的体验对探险者来说都是增长知识的机遇，通过这些可以无限制地扩大自己知识面。但是探险者也必须要记住："要把东印度群岛的财富带走，也一定要把东印度群岛的智慧也带走。"也就是说，他得到探险的结果要与他获取的知识成正比，这在别的领域也应如此。但是比知识重要的还有探险对人的思维习惯以及待人接物的影响和产生的实际效果。探险所能给予我们的还有更宽阔的胸怀，对生命价值更公正的判断和对人类命运更深刻的体会，以及对人类成就的惊叹和赞赏等，这些是最行之有效的。此外还有探险本身的乐趣也是令人向往的。前面已经说了，这对有些人来说是最终的目的或至少也是一个重要的动机。虽然这些探险家并没有说明探险的目的，但是对真正的探险家来说，探险乐趣的深刻与持久是其他乐趣难以比拟的，没有什么能比得上探险的吸引力，令探险者无法拒绝。他们经历这艰辛和危险，忍受着疲惫和饥饿，但是这些对他们来说都不重要，他们相信这些终将过去，甚至会在记忆中淡化或者消失。记忆中留下的只有探险的经历和永不褪色的神奇与美丽。回忆过去，他眼中的夕阳依旧灿烂，猎猎风声仍如音乐一样在耳畔回响；口鼻所嗅到的仍然是花朵的芳香。

我们不可能都成为探险家，很多人坐在安乐椅上读着探险家的探险故事，表现出悠然自得。只要读书方法得当，读他人的游记也同样能获得乐趣。我们会关注探险家自己没有意识到的问题，从他们的经历中选取最精彩的片段，由此了解到伟大探险家的生平事迹和他们的执着、英雄主义和坚强的毅力，从而受到鼓舞。从他们对神奇而美丽世界的描述，同情和理解那些世世代代对未知世界勇于探索的探险家，尤利西斯是这样来描写他们的精神：

> 我要乘坐大帆船，天涯海角走一遍，看看月亮的安乐窝，晚霞升起的地方。

希罗多德与埃及

乔治·蔡斯

希罗多德“历史之父”的称号为世界公认，（该词为西塞罗所造）。希罗多德在欧洲文献中最早使用“历史”这一名词，后来一直被沿用。他撰著了一部历史著作来实证“历史”的现代意义。在他之前，有一种文献近似于历史，即希腊所谓纪实家写的由“纪事”或“传说”构成的传记，用类似“史诗”的体式记录了建立了希腊城邦的一些故事，某些家族的谱系，或是发生在遥远异域的传奇故事；在希罗多德身上可以看出，他受到这种写作方式的影响，他写的历史颇有“纪事”的风格，对异国风情和地理状况表现出极大的兴趣。与前人不同并使他在文献史上占有独特地位的是他第一次以广阔的视野记述了一系列在世界范围内具有影响的重要事件，并记录追溯产生这些事件的原因。

希罗多德《历史》的主题

希罗多德的《历史》记录的是波斯人和希腊人之间决定后来历史发展的战争。书中虽然有一些离奇的内容，但主要内容还是围绕主题展开的。后来有学者把这本书分为九卷，前面几卷记载了波斯帝国的逐步扩张，吕底亚帝国、巴比伦和埃及的被征服，还有波斯人对锡西厄和利比亚的征伐。第五卷记录了爱奥尼亚的反抗斗争和萨迪斯被焚，最终导致波斯人进攻希腊的事件。第六卷讲述了爱奥尼亚诚实的反攻和第一次入侵，以雅典人在马拉松战役中获得胜利而结束。其他几卷记载了薛西斯率领波斯军队对希腊的再次入侵。

由此可见，希罗多德的灵感来自于他所处的时代，他出生于十五世纪早期，他的前辈亲历了波斯战争，他对当时参加过马拉松和萨拉米斯战役的人都很熟悉，并与他们交流；他的家乡——卡利亚的哈利卡纳苏斯就曾经被波斯所征服，因此他对波斯帝国心怀恐惧。命运和性格促使他成为一个伟大的探险家。他两次在家乡被放逐，在以后的很多年中他是一个“没有国籍的人”，最后在意大利南部的图里城才获得了公民身份。图里城是一个国际殖民地，443 年由雅典人在意大利古城锡巴里斯的遗址上建立起来的，希罗多德应该在雅典有过一段时间的生活，再次其间与萨福克里斯及一些杰出的作家和艺术家建立了友谊，这些杰出的作家和艺术家使“伯利克里时代”成为希腊文学和艺术史上的“伟大时代”。希罗多德经常在雅典、奥林匹亚、科林斯和底比斯的公共场所吟诵，他对希腊的很多地方都非常了解。

希罗多德游历的地域和目的

希罗多德的游历不仅限于希腊和周边地区，从他自己的记录看，他从波斯帝国到过巴比伦，以致道路遥远的苏萨和厄克巴塔纳；在埃及，他沿着尼罗河向上遗址到了象岛，又漂洋过海到了提尔和利比亚；在黑海，他道路克里木半岛和科尔其斯国，他好像还到了小亚细亚内陆，沿着叙利亚海岸到了埃及边境。

大家关心的希罗多德为什么游历这么多地方，最简单和自然的答案是他在为《历史》做准备，也许还有其他的原因。有人认为他是一个商人，他的周游各国是为了经商；但是这个观点是靠不住的。希罗多德的《历史》里并没有商业味道，而且谈到商人时他与谈到其他人一样，没有表现出兴趣。也有人认为希罗多德的游历是为了寻找各地的信息资料，与他后来撰写《历史》没有关系。持这种观点的人认为他是一个学者型的吟诵者，就如同吟诵荷马史诗的古希腊吟诵者。不过他吟诵的不是英雄时代的伟大事迹，而是一些异域风情。总之，他是一个古斯托达德或博顿·哈勒莫斯式的人物。

这个观点的依据是：他在希腊不同的地方吟诵过自己的作品，在《历史》中也有大幅对异域风情的描绘，有些游历还带有政治色彩。希罗多德所到的国家中一些信息对十五世纪古希腊的政治家，特别是对伯利克里意义重大。人人都知道伯利克里建立雅典帝国的野心，有人说，雅典议会为了买希罗多德的一些吟诵作品不惜一万多美元的高价。但是也有人说这是为了奖励他对政治所做的贡献。所有这些观点都具有可能性，但是没有一个具有可靠的证据。希罗多德自己称：他写《历史》的目的是为了使“人们不要忘记那些英雄的事迹，然古希腊和鞑靼的伟大杰出的作品名留青史。”实际上我们现在看到的游记并不是他自己来组织整理的，但是他已经奠定了作为第一个历史学家的声誉。

希罗多德的诚信

对《历史》的成书年代有人提出质疑，他是否能胜任他所担当的重任也成为另一个议论的话题。希腊史学家普鲁塔克曾写文章《论希罗多德的邪恶》，已故的学者哈朴克拉底雄撰写了《希罗多德〈历史〉中的谎言》一书。在现代人们对《历史》的评价也颇有微词，甚至连最崇拜他的人也承认《历史》中有许多问题。与他同时代的人说：希罗多德智慧自己的母语，因此必须借助口语翻译或者说希腊语的本地人。希罗多德自己也很坦率地承认这一点，并也经常提供信息的来源，比如“这是波斯人说的”，“这是埃及的牧师告诉我的”。在叙述希腊问题时，他也经常借助口头留传的故事，而不是文献资料或碑铭等。所以认为他全盘照搬他人是不公平的。因为他自己也经常质疑他所记录的是否真实，例如他在讲述尼罗河洪水的时候。他与同时代的大部分人一样，还没有培养出批判性思维，因此作品就难免受到影响。说他是一个爱讲故事的人更合适，他记录的每一个故事都只是因为喜欢故事。他讲的很多故事，比如普罗托斯的藏宝屋，并不是历史，而只是民间传说而已。

希罗多德的宗教情感

他强烈的宗教情怀对于他写《历史》很不利，他所处的是信仰宗教的时代，人们认为上帝无所不在，希罗多德深受影响，所以《历史》中有很多描写神谕和神像的内容。在描写他国情形时，他常将野蛮人的神和希腊的神联系起来。《历史》的第二卷就在证明希腊神来源于埃及。这是《历史》宗教倾向的一个最典型的例子。

因此，作为历史著作，希罗多德的作品有很多问题，古今的批评家纷纷提出《历史》的问题并不奇怪。有一首牛津的诗文表达了许多批评家的态度：

> 轻而易举地
> 埃及的牧师欺骗了你。
> 但我们绝不让你再来骗我们，
> 希罗多德！希罗多德！

但是必须明确，尽管批评很多，但是大家并认为他是有意识的，而是认为他的民族和所处的时代造成的，其瑕疵并不影响他的影响力。有史以来，希腊人很少对野蛮国家持公正的态度。如果说他是爱讲故事而不能成为一个优秀的史学家，那他至少也应该是一名故事大王。他的风格简洁淳朴，通俗易懂；明显体现出“隐藏艺术的艺术”。如果说这是欧洲最早的文学散文，希罗多德就是一位了不起的作家。自古至今，很少有作家能在作品中成功地保留自己的个性，而打开《历史》，希罗多德就栩栩如生地站在我们面前。我们清晰地看到他手里拿着铁笔和记事板，跟着口译向导或者牧师穿过波斯帝国雄伟的城市或者是埃及的庙宇，认真探询着所到之处的风土人情与希腊有什么不同；他谦虚礼貌又满怀同情，时时注意着哪些内容可以成为他故事的题材。不仅记录了历史事实的价值，希罗多德的《历史》作为一本人物资料也很有味道。他记载了一个人在自己伟大民族在发展的黄金期的信念和随感。

伊丽莎白时代的冒险家

W·A. 尼尔逊

在欧洲文艺复兴时期，求知精神成为推动了地理探险的新动力，1492年哥伦布新大陆的发现，给地理探险带来了新的开端。不久，西班牙又在美洲中部和南部征服和侵吞了大量土地。在十六世纪，信奉天主教的西班牙成为欧洲的统治力量，英国在伊丽莎白统治下与罗马彻底决裂以后，新的统治力量的地位，使他们的政治野心融进了宗教的动机，找寻与竞争对手共同享有美洲大陆的财富和统治。英国在伟大的伊丽莎白女王的统治下和平崛起，需要开辟更广阔的市场。他们不仅要掠夺殖民地的财富，商人和冒险家还要需求在海外发展的更大空间。出于好奇和对宗教的虔诚，加上爱国主义和贸易的动机，英勇的冒险家们开始踏上了艰难的旅途，走向天涯海角。

伊丽莎白时代英国的扩张

人们不会想象这些商人探险家走了多少路程，他们在西班牙大陆美洲追逐利润和冒险，1533 年，他们在寻找去中国的东北通道时，英国水手们发现自己已经到了白海，后来到了沙皇的宫殿，从此打开了去俄罗斯的贸易通道，不需要再走被汉萨同盟把守的波罗的海通道。

他们走进地中海，向黎波里和摩洛哥派遣探险队，并和希腊半岛开展贸易，他们还发展了和埃及、黎凡特的往来关系。他们进入阿拉伯和波斯，带着货物的样品从陆上到达了印度，还有人取道波斯湾，或者绕过好望角到达了印度。在印度，他们与葡萄牙人竞争，1600 年，英国建立了东印度冻死，开始了大英帝国在印度的统治。

西班牙大陆美洲

英国人是在与西班牙人发生冲突的地方开始远航的，这极大地激发了那个时代人们的想象，后人保存了对那些探险家诗意的描述。《哈佛百年经典》中，弗朗西斯·德雷克爵士的三次航行，汉弗莱·吉波尔特爵士的“纽芬兰航行”，以及沃尔特·罗利爵士圭亚那的发现，都是很好的有代表性的记载。这些半宗教、半科学的但也充满爱国热情的海盗式探险，以及这些探险的方式和结果，是最有吸引力的故事。书中有这些探险家的插图：与厄运进行英勇斗争，在海上和陆路经受最可怕的考验，还有他们的大度和善良，背叛和残忍。

德雷克里向西航行时，年纪还小，1572 年，他和同伴向诺姆布雷德迪奥斯海湾航行，几乎要搬空国王的宝库，书中叙述道："借着这光线，我们看到了下面房子里靠墙有一大堆银棒，眼见这座银山有七十英尺长，十英尺宽，十二英尺高。每一根银棒的重量在 35～40 磅"——后来发现总共有 360 多吨。但是他们一心想着救他们受伤了的船长而动这笔巨额的财富。他们能克制这么大的诱惑，最后是如何对待西班牙人的呢？在叙述的结尾可以看到："目前属于卡塔赫那的有诺姆布雷德奥斯海湾等和二百多艘护航舰……我们在里逗留时，拿走了部分零件……但是我们从不放火烧船或沉船，除非发现这些船是对付我们的军舰，或者是为了抓获我们的陷阱。"

对地理学的贡献

从这些冒险家的故事里我们获得了许多对美洲和土著居民的许多知识，他们给我们的信息虽然不能全部相信，因为里面有更多探险家的逸事，而不是科学地理资料，但是这些信息仍然很有价值，它反映了当时人们丰富的想象力。

在霍斯金第一次航海的记述中，我们了解了鳄鱼的故事："它天性如此，如果要猎食，便就像基督教的小男孩一样抽泣，吸引猎物靠近，然后就一口咬住它们，于是就有了这个广为人知的词语——LachrymaeCrocodile，用来形容哭泣的女人。意为鳄鱼是骗人的，女人哭的时候通常也是骗人的。"在这一段叙述中，还谈到了香烟的妙处："佛罗里达人旅行时，带着一种干草和一根一端有陶杯的管子，把火和干草放在一起，就可以从管子里吸烟，这种烟可以充饥，他们可以四五天不吃肉，不喝水。所以法国人吸烟都是为了不挨饿。

但是他们不知道吸烟也能吸干胃里的水和痰。”土豆在探险家的记录中也是倍受欢迎的食品，它是根茎食品中最好吃的一种，超过了防风草和胡萝卜，它有两个拳头大小，表皮很硬，像菠萝一样，但是里面很软，像黄瓜，吃起来如同苹果，但它的美味超过了甜甜的苹果。

这些探险家和被征服的故事里除了对动物的描写外，还有很多关于探险家所遇到的土著部落和他们生活习惯的内容，但是有想象的成分。读者会为这些探险故事里的印度人所拥有的大量黄金和珠宝而惊叹。比如罗利在他写圭亚那皇帝的故事时，引用了别人对黄金国巨大财富的描写，听起来就像童话故事。据说黄金国的皇帝不但具有黄金白银的餐具，还不满足，还用黄金白银装饰娱乐园里的花草树木。

探险家的坚毅与残忍

大家都知道，我们这些故事都是从英国人的角度讲的，宗教的对立与政治、商业的竞争激起了英国人对西班牙人的仇恨，也由此产生了描写西班牙人残忍地对待本国人和英国俘虏的故事。当然这些故事也有一些虚构的成分。英国的冒险家并不是圣人，他们很多人就是海盗，还有一些人在从事非洲和东印度群岛的奴隶贸易。他们英勇和顽强的毅力、对同伴和女王的忠诚是值得我们赞赏的；但是他们对奴隶残忍的虐待，完全不顾黑人的人权，使我们的赞赏随之消失。他们与同伙签订合同，把非洲奴隶运往西印度群岛，把他们当成家畜和兽皮，如果在海上遇到危险，便把他们扔到了海里，就如同扔掉一捆捆的货物一样。

但是，在所有对黄金和征服的欲望所导致的暴行中，也有些感人的故事，例如对对手的豁达，对敌国人民的同情，对他们自己行为准则和游戏规则的遵守等，给当时的黑暗世界留有一丝光亮。

作品的叙述风格

这些航海作家并不是要创作文学作品，他们写作的目的是要歌颂他们的船长和国家，激发他们的人民向敌人作战的勇气和对他们冒险经历的怀念。他们在讲故事时从不考虑风格和词汇问题，所以他们的故事就如同日常的对话，表现出作者真实的性情和当时的时代风貌。那时一个热情高涨、野心勃勃的时代，人们的欲望就像天马行空，谋划各种伟大的计划，他们不顾一切，以所向无敌的勇气去实现自己的伟大计划。现代人虽然不会再相信海盗，但是当看到他们当年的勇气，仍然会热血沸腾。

英勇的心，
被时间和命运削弱，但意志依然强大，
去拼搏，去追寻，从不放弃。

这样的诗使我们无尽遐想！

发现的时代

W·B. 芒罗

欧洲中世纪的黑暗时代伴随着十五世纪的结束而终结，专政力量的发展与常驻军队的产生是使中世纪的封建系统变得多余，因此封建制度也在世界各地日渐瓦解。小国合并为大国——卡斯提尔和阿拉贡合并为西班牙王国，法国的各个省份在波旁王朝的统治之下达到了统一；英国也结束了内战，在都铎王朝的统治下实现了和平统一。领土的统一使人们国家意识和扩张愿望不断增强，人们对地理研究开始产生了兴趣，指南针也用于航海，给水手们扬帆远航带来安全和便捷。当土耳其人征服了地中海并关闭了地中海港口和东方之间的贸易通道时，向西边海洋进行冒险航行的时机也就成熟了。

哥伦布的航海

人类第一次向新半球的成功探险是在一个为西班牙皇室效忠的热那亚人的指导下完成的，热那亚是地中海最早的商业城市之一，而当时西班牙在欧洲的专政政权中是强大的，也是最先进的。哥伦布掌握着航海技术，他的本族人具有英勇的本性，加上西班牙的财政支持，如果在西方发现新世界，西班牙由于所处的特殊地理位置将会有巨大的收益；所有美国的小朋友都知道哥伦布的故事，他航行了三十三天才到了西印度群岛，他受到当地人的热情款待，他对新大陆表现出极大的赞赏。但是哥伦布的故事只有他自己讲才会更生动，有很多人也声称自己是第一个登上新世界海岸的人，据说在哥伦布从西班牙帕罗斯出发前400年，一些古斯堪的纳维亚人在雷夫·埃里克森的带领下从古斯堪的纳维亚在格陵岛的殖民地出发，到达了瓦恩兰海岸。这个瓦恩兰到底是拉不拉多岛，新斯科舍，还是英格兰，史学家至今也没有定论。目前多数人认为雷夫和他的追随者如果确实到了拉不拉多岛，也可能从没有到过拉不拉多半岛以南。但是无论怎样，这些古斯堪的纳维亚探险并未使殖民长久，后来跟随哥伦布的人才建立了新国家。

哥伦布带回来的关于伊斯帕尼奥拉岛的财富和资源消息使整个欧洲极度的兴奋，为了把发现新大陆的成果据为己有，西班牙王室立刻派哥伦布再次出海；其他国家的航海家也纷纷出动，都想瓜分新世界的战利品。其中就有佛罗伦萨的船长亚美瑞格·韦斯普奇，他于1497年跨越大西洋，并带回了地理信息。后来制作欧洲地图的人就以他的名字命名新大陆。此外卡波特父子于同年在亨利八世的资助下从布里斯托尔出发，沿着拉不拉多岛海岸行驶，为后来英国人发现北美洲大片地区奠定了基础。法国也不甘示弱，他们派遣雅克·卡蒂埃去探索新大陆，终于发现了圣劳伦斯谷地。

在美洲建立新国家

欧洲国家如果牢固占领新领土，不仅是发现新大陆，还要在新大陆居住和殖民，西班牙走在了前面，他们不惜代价来经营西印度群岛，中美洲和南美洲大陆西边的山坡，这些看起来是他最大的战利品。西印度群岛有一片肥沃的土地，在上面种植作物不需花费人力就可以增产，在内陆还有大片的金矿和银矿。葡萄牙紧跟它在半岛邻居，并进一步向南扩张，把巴西盛产稀有金属的海岸据为己有。英国的臣民约翰和塞巴斯蒂安·卡波特已经为英国开来个头，但英国行动缓慢，所以只得到了西班牙所占据的土地之南的领土——从佛罗里达到芬迪湾海岸线。不过那里没有吸引冒险者的矿藏。从长远来看，英国的这个选择是正确的；法国是最后才参与到新大陆的瓜分中，他得到了最北面的地方，阿卡迪亚一带、圣劳伦斯河与北美五大湖。欧洲其他国家，如瑞典与荷兰也加入了这场争夺。也在新大陆站稳脚跟。瑞典是在特拉华，荷兰在哈得逊河流域。但后来瑞典与荷兰都被排挤出去了。这些殖民地便都落入英国人手中。法国与英国进行了百年战争，英国夺得了新世界的领土。

弗吉尼亚和新英格兰

英国占领了大西洋沿岸地区，在不太长的时间内建立了两片居民区。早在1607年，大约有一百个英国移民在弗吉尼亚的詹姆斯小镇建立了第一个永久的英国人在美洲的殖民地。这群开拓者在经历了诸多不可避免的困难以后，终于定居下来。他们还带去了一个用当时法律术语写的皇室宪章，并很快建立了自治体系，包括自治区和殖民地弗吉尼亚议会，是英国国家古老行政体系的缩小版。在1607年，在向北靠近肯纳贝克河河口的地方，就有人试图建立定居区，但是没有成功。直到1620年，“五月花朝圣者”们在普利茅斯登陆，才建立起新英格兰。这些朝圣者本想从英国到荷兰，但是在荷兰他们发现自己是在一个陌生的环境中，于是便决定再次出发寻找可以建立自己的世界的地方。在登陆之前，他们内部签订了一个建立“公民政治团体”的协议，主要是为了保证所有成员以后为新社会制定公正的法律。在最初的几年里，建立定居区很艰难，人口增长缓慢。十年后，人口不过300人，凭借着执着的精神和努力，这片土地不断繁荣起来。

新英格兰另一个更重要的定居区是由约翰·温斯罗普和他的追随者在马萨诸塞湾建立的。1630年温斯罗普带领一千个移民到塞伦去；两年以后，这些移民建立了六个城镇，包括波士顿。普利茅斯殖民地和马赛诸塞湾殖民地在成立以后的大半个世纪中坚持独立发展，在1690年才合并为马赛诸塞省。

1630年，英国人在大西洋沿岸以北和以南地区建立了牢固的根据地，紧接着就是统治大西洋沿岸和南北所有地区。在马赛诸塞，有一些不愿意受严格宗教束缚的人移居到了南方的罗德岛和康涅狄格地区。威廉·佩恩、巴尔的摩勋爵人等纷纷表现出对建设殖民地的决心。在获得王室的认可后，他们建立了宾夕法尼亚和马里兰殖民地。他们打败了在特拉华的瑞典人和在哈得逊的荷兰人，并控制了他们的领地。在占领了从弗吉尼亚到马萨诸塞的所有地区之后，英国人的下一个目标就是把威胁领土安全的法国人赶到更北的地方去。

内陆的探险和贸易

殖民地的建设与内陆的探险是同时进行的。十七世纪，法国航海家横渡了北美五大湖和密西西比河，英国的皮货商进入了新英格兰内陆地区，随后传教士也紧跟上来。北美两大殖民力量英国和法国利用商人和传教士扩大了各自的势力范围，其实在阿利根尼山脉以西出现最早的定居之前，争夺地盘的战争就已经开始了。此后的漫长岁月中，战争不断，法国殖民者在数量上虽然不占优势，军事装备也比较落后，但是他们很英勇顽强，具有更大野心的探险家和“森林运动员”，比与他们为邻的占据南方的英国人更为坚强无畏。所以，英国人开拓和保卫疆土是很艰难的。到最后是数量决定了胜负，英国人暂时统治了从大西洋到密西西比河的整个地域。

达尔文贝格尔号之旅

乔治·霍华德·帕克

查尔斯·达尔文即使只发表了《贝格尔号之旅》。他作为一个杰出的博物学家的名声也会牢牢确立。在达尔文结束他的波澜壮阔的环球航行之前，当时的英国地理学家塞奇维克对达尔文的父亲——达尔文医生预言道：达尔文将来会成为一名顶级的科学家。他大概是看到了达尔文写给朋友的信以后做出的预测。果然如此，贝格尔号之旅为达尔文以后的伟大业绩奠定了基础，使他不仅在当时名声大振，而且青史留名。达尔文对传统的大学教育没有兴趣，从少年时代起，就对自然界中的各种物体感兴趣，他开始收集各种标本，矿石、植物、昆虫和各种鸟类都令他兴奋。后来他到了剑桥学习神学，在亨斯洛的鼓励下把这个业余爱好变为庄重的事业。

大约在1831年，英国海军决定建造一艘能装十门大炮的双桅横帆船——贝格尔号，用来完成在几年前就已经开始的对巴塔哥尼亚和火地岛的考察——视察智力海岸和秘鲁，包括大西洋中的一些岛屿，同时完成一系列的环球天文测量。人们一致认为这次航行需要一位博物学家参与。进过亨斯洛教授的推荐，菲茨罗伊船长说服了达尔文担任自己的私人旅伴和此次航行的博物学家。亨斯洛教授推荐达尔文时，没有说他是博物学家，只是说他是一位可以担任采集、观察工作的学者，他能够关注所有博物学中的内容。

贝格尔号经过了两次的失败，最后于 1831 年从英国的文波特港口出发，历史近五年的航行，最终在 1836 年 10 月 2 日返回英国法尔茅斯。他们航行的路线横跨了大西洋，直抵巴西海岸。并沿着南美洲东海岸到了火地岛，然后沿着智利和秘鲁海岸向北行进。在赤道附近，贝格尔号向西行驶，穿越了太平洋到达澳大利亚，从澳大利亚又横跨印度洋，绕过好望角以后，又横渡南大西洋向巴西行进。贝格尔号在巴西结束了环球旅行，原路返回了英国。当年达尔文踏上贝格尔号离开英国时，只有二十二岁，在贝格尔号上度过了他的最珍贵的成人生长期，他当时并不明白这会意味着什么？在离开英国时，他宣布，那一天将是他人生新的起点，一个新生的日子。童年时代，他曾梦想去热带雨林，现在，他的梦想终于成为现实。在信中，达尔文对贝格尔号航行的描述充满了青春的热情；在巴西，他在朋友福克斯的信中说道："自从离开了英格兰，我的脑子就像火上一样迸发着喜悦和惊奇。"在里约热内卢，他给亨斯洛写信道："在这里，我第一次看到了无比壮观的热带雨林，只有亲眼所见才知道它有多么奇妙和壮观。《天方夜谭》里的场景在这里变为现实。这些绝妙的美景让人欣喜若狂。这里人们在狂喜中寻找甲虫，因为不论走到哪里，都会看到以前没见过的许多甲虫。"这样的语言，只有热情洋溢，天生的博物学家才能写得出来。

贝格尔号对于达尔文来说，不仅是一次环游世界的机会，还是培养他成为一个真正的博物学家的摇篮。在海上度过的五年，使他学会了如何工作，如何在极其恶劣的环境下工作。贝格尔号狭小拥挤，达尔文想保存他所收集来的标本是很艰难的，在船上深受达尔文敬佩的负责维护贝格尔号外观的中尉对达尔文在甲板上堆积杂物很不理解，在他眼里，达尔文的这些标本不过是“口吃、可恨的怪物”。他还说道，“我如果当了船长，一定要把你的这些破烂东西扔到海里去。”达尔文迫于贝格尔号的狭小空间，他养成了有条不紊的工作习惯。在贝格尔号上，他学会了节省时间，每一分钟都不浪费，即是他所说的“生命是由五分钟的片段组成的”含义。

达尔文在贝格尔号上，学会了在物质条件很差的情况下争分夺秒地工作，养成了在身体状况不佳的时候仍然坚持工作的习惯。在开始航行的前三个星期，他虽然病得不严重，但是当船在海上剧烈颠簸时，他感到了极度的不适应；1836 年 6 月 3 日在好望角写的信中说道自己晕船生物感受：“幸好这次航行即将结束，我现在晕船比三年前严重得多”，但是他仍然坚持工作。年轻时的这段经历使他晚年患了消化不良的毛病。

在返航时，达尔文已经没有了出发时的精神，在巴西布兰卡港，当贝格尔号启航时，他给姐姐的信中说道：“这四天里我无精打采，已经到了极度痛苦的程度，即使现在走进巴西森林，我也不会兴奋了。”在他多年后完成的自传中回顾这次航行时说道：“现在，热带雨林的茂盛植被常常在我的脑海中呈现，栩栩如生，超过任何记忆。”

贝格尔号之旅的现实收获

达尔文此次航行的价值只有他自己才最清楚，他后来写道：“贝格尔号之旅是我人生中最重大的事情，”“我所接受的第一次真正的训练和教育都来源于这次航行。它引导我时刻关注博物史的几个分支，尽管我在此之前已经有了相当的观察力，但是在这次航行中我的观察力得到了很大提高。”最后，在给菲茨罗伊船长的信中，达尔文说：“无论他人在回忆贝格尔号航行时是怎样的感受，我现在已经忘记了所有不愉快的细节，命运选择了我做贝格尔号博物学家，这是我生命中最幸运的事了。我的脑海中经常浮现我在贝格尔号上举目眺望所看到的最生动、最让人愉悦的画面。假如现在有人每年给我两万英镑的价钱和我交换我的这些回忆及在贝格尔号上学到的关于博物史方面的知识，我也绝对不换。”

达尔文不但在贝格尔号上得到了很好的锻炼，还收集了一大批宝贵的标本，这些就足可以使博物学家搜寻好多年。达尔文让我们了解了遥远大陆和海洋的许多知识。在整理和描述这些标本时，达尔文又积极地投入到了工作中。在《达尔文生平及其书信集》中，有这样一段话：“他慢慢才意识到自己的任务不仅是帮助博物学家收集标本，他有时还会怀疑他所收集的标本的价值。”在 1834 年他给亨斯洛的信中说：“我现在真心认为自己收集的东西很贫乏，想必您看了也会感到困惑，不知道该说什么好。但这不能怨我，因为是您激发了我所有不切实际的幻想；如果努力工作可以使我不再幻想，我发誓一定拼命去工作。”达尔文在贝格尔号上的工作使他成为一名博物学家，并接触到了当时许多科学家。

贝格尔号之旅的理论成果

达尔文回国时，不仅带回来了在贝格尔号上的工作成果，即大量有趣的标本，还带回来了许多新的想法，他把其中的一个很快变为现实，即撰写《贝格尔号之旅》。在贝格尔号的后一部分航行中，他几乎都在研究珊瑚岛，他提出了关于这些沉淀物是如何形成的理论，是第一个在科学界受到普遍关注和认可的关于珊瑚岛形成的理论。这个理论即便是现在，认可度也是最高的。他研究的不仅是珊瑚岛，他还常常思考一个最难的难题，就是物种的起源，在《贝格尔号之旅》和那时期的信中虽然很少提及这个问题，但在他的自传中却谈到了。1837 年 7 月，他回国以后不到一年的时间，他打开了他的第一本笔记本，寻找关于物种起源的事实，这是他长久以来一直思考的问题。因此可以说，达尔文在贝格尔号度过的这几年，不仅有实地的考察，还有很多理论的思考。

确切地说，英国海军部对贝格尔号航行所取得的成果是满意的，有充足的理由可以证明投在贝格尔号上的钱与经历没有白费。贝格尔号航行的伟大成就不仅仅在于绘制了遥远海岸线的地图，也不仅是一系列的环球天文测量，而是在于把达尔文训练和培养成为一个博物学家。达尔文自己说过的一段话就是对贝格尔号的高度赞誉："我在科学领域的一切成果都是与贝格尔号上的锻炼分不开的。"

教育
education

总论

H. W 赫尔姆斯

在对当代教育的全部有益的思考中，有一个重要的事实需要说明，即教育已经成为一项公共事业。如果仅仅从个人的利益和个人的发展——来评价教育，那就会忽略了教育对于推动和促进文明方面所取得的成就，那就是对所取得的进步的否定。公立学校的扩大是教育方面取得的突出成就，这已经被大多数人所肯定。这种肯定在很早以前就曾公布了，社区的每一个孩子都能接受教育就是最有力的证明。教育是人们最为关注的事业，因为每个孩子都需要接受教育。教育一般情况下不会很快取得明显的成效，因此，人们反倒对教育的成效并不那么关注。不仅是孩子，他们的父母也是这样想。从成效方面看，人们对教育是很宽容的。

现代理想的社会属性

随着城镇化进程的加快和新发明的不断出现，时空已经变得狭小，现代生活的一些特性已经越发凸显出来，人们不得不急切地采取行动以适应现代生活。现代生活的一个突出特点是人与人之间的相互依存性更加明显。更多的人认为，生活不只是为了个人，而是为民众的共同利益。这不仅是地球上人口不断增加，而且也是人类进步的基本条件——不仅对个人，也是对社会而言。如果现代社会不能提供一种强大的、服务全社会的功能，那所谓的文明就是落后而空泛的。一个现代人需要与他人乃至所有的人在正常的关系下和谐相处，共同生活，——不是遵循风俗习惯的方式，而是以超越个人利益的方式，为和谐的社会福利做出自己的贡献，甚至造福全人类。在教育学生的过程中，单纯强调共同利益有多么重要是不够的。教育的全过程就是使学生成为能与他人和谐生活的一员。所以，只说人类的共同利益是不全面的。教育的真正作用是培养孩子在生活中成为对他人有益的人。

这就是为什么大额的公共事业费要投到学校、图书馆、博物馆和其他教育机构的缘由。文明社会把教育作为它固定的一部分事业，它不是慈善，而是一项不可缺少的公共职能。学校有税费的支持，才能实行义务教育。国家拥有制定办学标准的权力与职责，还有对私立学校实行监督的职责，并号召公民全力支持发展培养人力资源的事业。国家认为，每个纳税人都应该通过支持教育事业来担负起改革社会的责任，就像通过其他公共事业直接支持社会改革一样。在关于教育的问题上，当个人利益与公共利益相矛盾时，应该更加关注公共利益。教育特别需要公共政策的支持。国家、政府社会秩序和公共事业发展方面政策的制定与实施都会对教育产生深远的影响。因此，教育问题是比较复杂的公共问题。

然而，现代生活导致个人的全面发展成为较难的事，与过去相比，当今社会孩子生活的范围在某些方面变得比较狭小，要保证学生的身体、智力、想象力、同情心和意志得到充分的锻炼，这本身就是一项艰巨的任务。这需要有洞察力、精力和多方面的协作，当然更离不开经费做保证。但是仅仅为个人的能力、才能和体能提供正规的培养，并不能解决教育方面的问题。而且如果只对少数人或某些人进行教育，是不完整的教育，是不应该提倡的。

教育问题客观存在，并不抽象

首先，有这样一个问题，在实际教学中不应使用“身体、智力、想象力、同情心和意志”这些名词，因为这些都是抽象的概念，经常会引发一些意想不到的、没有意义的争论，造成精力的浪费。没有哪个学生是所有教育工作者智慧的结晶，学到世界范围内都很难的知识。即使我们发现了哪个学生有可塑的特殊潜质，我们可以对他实施有效的教育和培养，也并不一定就能达到教育的效果。因为上述因素只是教育的一个方面，引导学生如何使用自己的才能也是教育中同样重要的问题。教育的内容应该是让学生了解社会的重要性和并向其指明社会的发展方向，这也是学校、课程、专业的主要方向。古代有句教育名言：“我不管你学什么，只管你学得好不好。”这句话曾经给人们误导——即有了一定的技能就可以造福于社会。其实并不如此，我们还要看他掌握的技能是否有利于社会和公共利益。无论什么“专业”，培养什么“能力”，基本就是信息、理念、理想、原则、观点、方法、兴趣、热情、目的和同情心。这些内容决定了教育的主要价值。这就是一个人接受教育后应该学到的东西，它能帮助人确定社会地位、职业、爱好和为社会提供某些特定服务的可能性。

基础课程的相关性

所以，教育方面存在的问题是比较多的，在所有儿童接受教育的前几年，他们都需要相同的智力体验，至少要到学校去上学。“基础课程”是每个学生必须掌握的学科。但是，在教育阶段，教育首先面临的挑战是面对每个儿童的差异性——有聪颖的、后进的、受到较好培养的、被遗弃的等等；在确立教育目标、教育方式、课程设置等，就必须考虑上述这些差异。在教育一线的教师和学生更应该知道每一学科学到什么程度，比如，每一个人掌握的算数和地理方面的知识都有哪些，还要与相关的考核标准，以便于老师对学生进行考核。

此外，随着教育工作实践的不断深入，每门学科都要根据社会对本学科的需求而进行适当的调整，要对学习每学科的目的掌握的不同情况做出新的规定。这些新的规定一定要根据公共服务和公众生活的实际需求而做出的。不能完全以掌握该学科的标准去规定。教育是为社会发展服务的，不是为单纯的学术研究而存在的。

还有一个重要问题，即不能把所有的学生放在教育的同一条快车道上，至少在童年时期，青春时期，和青年时代要进行分流，学生的天赋和家庭经济情况的差异也迫使学校在课程、班级等方面进行初次分流。随着教育的不断深入，应该设立更多的分流渠道，来帮助那些无法继续进行规定教育的学生实现后续教育。社会需要多元的教育，因为社会需要各个领域和各个阶层的人才。社会需要思想家，也需要优秀的劳动工人，没有哪一种“通识课程”可以提供全方位的教育。

在教育体系的设计中，需要为每个学生提供有利于社会公共教育的方法，只为儿童提供统一的一种方法和最少量的教育是不能实现公共利益的最大化的。把教育仅限制在阅读、写作、算数上，或局限在那些被公认的必修课和其他类似的所谓通识课上是不够的，公共利益不是只通过初等教育就能得到满足的。在初等教育完成之后，还应该为每个学生提供继续学习的机会，使他们能最大限度地发挥自己的潜能，实现最大的效用。是必须和必要的。只有公民在他自己能够发挥作用的领域具备一定的技能和职业素质，才可能实现教育的公共利益。国家需要工业、商业、艺术、科学、哲学、宗教、家庭生活等各方面的人才，对每一个公民的教育就是为上述各方面供应源源不断的合格的、高质量的人才。

教育仍然是较少能够永久消除危险政治的办法之一。对于民众来说，对教育机构的信任就是对教育的最大支持。而公众的支持是一个国家教育能够得到良好发展的重要和基本的条件。良好的教育又可以帮助公众获得知识并更充分地了解社会，而这些又是推动社会发展的重要动力。无论怎样，私人办学的积极性将会长期受到重视和鼓励，国家也会把特殊学校和中等学校留给私人去办，从而使政府自身的职能得到更好的发挥。

教育目标的社会性

教师和学校的管理者发现，接受教育的学生的个性、思想、行为、习惯、情感表达、家庭背景、宗教信仰等各方面都有巨大的差异性，即使这对同一个接受教育的学生，在不同的成长阶段，教师都会面临不同的挑战，因为这些还没长大的孩子，每天都在变化，最初，他们马马虎虎，后来因为熟悉就变得容易激动和不惧权威，他们昨天还很乐观，今天就变得敏感。怎样教育这些不同的孩子，让他们能找到自信，发挥自己的优势和特长，锻炼自己能力，实现社会价值，这的确是巨大的挑战。

为每一个普通人——不论他的天赋、性格、经历怎样——给予知识和能力的指导使他们获得自信，得到快乐，感受到自己的价值，从而生活得更有意义，这就是教育的目的。人们如何能获得公众利益所需要的技能和智慧？这些在学校能否获得？为了满足这些需要，办什么样的学校？开哪些课程？怎样上好这些课程？

假如教育是以社会公共利益为目标的，那么上述这些问题就非常重要，否则，这些问题就无关紧要了。无疑，如果我们只是关注个人利益，那我们就更应该重视个人理想，但并不是所有个人理想都是对社会有益的。有些人理想很崇高，但却没有社会价值；就如一个隐居的教士，他理想产生的社会价值就很小。教育只有与公共利益结合在一起时，才会成为社会的一个重要问题。例如，以前的社会要求女性学习舞蹈、手工刺绣等，而当今，社会要求女性掌握更多的能力和知识：如家庭经济、护理、慈善、办公文案、医学、法律等等。因此这些课程就成为女子大学的重要内容。

教育不能成为思想禁锢，从狭义方面看，教育主要是对技能和知识的传授；从广义方面看，教育还应该培养学生的美感、艺术感，对学生进行哲学、宗教等社会以及人类永恒的价值等方面引导和教育。我们不能只为社会培养大批工匠，还必须在培养工匠的同时，为人们精神世界的升华而不断努力。教育要二者兼顾，不能顾此失彼。

教育与自由

教育不能创造自由，但学习可以通过自主选择不同类型课程以及教育体系来获得自由，自由的可能性与延伸性是社会和政治改革的直接产物。

同时，坚持所有学校都应开设人文学科是没有用的，主张开设传统科目——经典名著阅读、科学、数学甚至历史——认为只有这些科目才能为自由提供需要的文化，这是错误的。学校一定要忠实地满足社会需求，扬弃反对实践性和职业性学习的偏见。车间工作可能比希腊语带给某个男生更多的提高——教育一定要因材施教。人文学科与职业教育的唯一差异就在一点：为了每个人都要面对生活。

对于一个技术性职业的从业人员，要进行足够的培训。一个人在家庭、社区、国家乃至教堂的生活都是一种教育，而且这种教育一点也不差。一个人如果要让度过的时间都有价值，那么他就需要文化教育。而有些教育，对于一个艺术家来说是职业教育，但同样的教育对别人来说就是文化教育。无论是职业教育，还是文化教育，都是有价值的。所谓全面教育，即使要为接受教育的人未来生活做好充分准备，他会通过自己所学到的东西建立一种关系，或者研究一些问题。教育就是为一个人以后的生活所需要的能量做储备。

我们对教育的目标已经非常清楚了，但教育仍然会在很多情况下失败。其原因是多方面的。为了社会的公共利益，我们要创建新的学校，开设新的课程，教授新的科目，但这并非易事。因为许多传统教学，尤其是中学、专科学校、普通高校的教学，已经偏离了轨道。他们创建时教育的目的就不甚明了，学生以为通过教育可以获得“学科知识”，但却没有。学到的东西也对成年生活没有裨益。对这样的教育机构，一定要大幅度的改革。

在任何科目中，都应该渗透品格、能力、价值观等的教育，并且让学生铭记于心。成年后，将这内容融入自己的实际生活中去。这是比任何单纯的职业教育都更加重要的教育内容，但是遗憾的是，在传统教育体系中却缺少这些内容。

道德教育主要是靠人的感染力，生活中所获得的正能量及正面的激励。因此，要严格地选用合格的教师，形成一套彰显道德感和价值观的教育评价体系，在家庭和社会中大力宣扬才能对学生产生全面系统的影响。可见，这并不是一件简单的事情。

需要关注，对于道德教育而言，有些科目更直接，有些科目可能更强调思维习惯，强调对客观事实的观察力，强调比较，分类和其他处理方法。这些科目强调独特的技巧，特定的信息，专业的观点，这种思维和处理问题的方法更有利于教育目的的实现。

教育还要全面兼顾，不同的科目有不同的实用价值，在历史课上学不到有关缝纫的技术，而科学课也没有农业知识。所以，对于不同发展方向的学生来说，要科学设立课程体系，以使学生受到完备的教育。

同一科目，由于教学目的不同，学生的年龄和学习动机及能力不同，教育所受到的效果显然也有差异。夜校讲授的文学课效果就与大学课堂上讲授的不同。

依照这样的教育理念，它要求为人的生活是所需要的基础做好准备，在已经设置好满足各个年龄阶段和班级需要的学校，科目一定要经过严格审核，内容要有创新。

职业教育

当今，职业教育已经比较成熟和完善，但仍有一些不足需要改善。

在以前一段时间里，有一些人担心会带来教育的物质化，降低教育的质量，其实，这种担忧是缺少依据的。职业学校已经取代了学徒制的作坊式教育，过去，医生、法律、建筑工程师等需要交学费跟着职业师来学，而现在，愿意在这方面学习的，只要进入相关的职业学校进行系统的学习就行了。

职业教育的出现，是社会变革的必然结果，社会需要大量的专业人才，而过去那种师徒制培养的模式效率极低，质量也不尽相同，这就导致了专业人才的不足，而规范化的职业教育，使人才培养的效率大幅度提升，教育的效果也极大提高，这是毋庸置疑的。

并且，社会也大力提倡职业教育，很多人通过公共经费的支持进入到职业学校学习，专门人才也越来越得到社会的重视，工匠已经像艺术家一样受到社会的青睐，农民像哲学家一样被看重。这就使很多人去大胆地选择职业教育，而不用再为以后的就业和生活担心。职业教育也因此前进了一步。

目前，一些职业学校还开始面向社会进行职业技能培训，为那些没有可能进入普通教育和职业教育的孩子提供了大量的机会。在培训中，他们可以得到教师的公正待遇，使他们摆脱自卑和压抑的心理状态，从而能学到一门手艺，能树立正确的人生观，养成良好的行为习惯和成熟的道德品质。这对他们步入社会将产生积极的影响。

职业学校的类型和数量多少一部分取决于社会经济发展和经济效益。从长远看，社会对一个行业或职业的要求，与这个行业或职业获得的回报是成正比的。比如人们为什么要花很多钱去学医学，是因为一旦获得了从医资格，那收入是很可观的。职业学校的建立，肯定是要受这些因素影响的。

但是，我们并不能要求职业学校都一定能为社会培养出所有需要的人才，或者每一个在职业学校毕业的学生都能生活得很好，职业学校其实是基础教育的一个重要补充，是帮助那些从基础教育中分流出来的学生能够以专门的技能服务来实现社会的公共利益。

公共利益要求教育者正确界定社会需求并修正社会需求，而不是仅仅满足这种需求。对职业学校体制的设计需要一个良好的秩序，在这种秩序下，个人利益与公共利益达到有机统一，人们在实现公共利益的同时，个人利益也得到了保护和促进。

然而，是否可以开办职业培训，或者说一所职业学校是否有存在的必要，还要考虑在此学习的学生毕业后是否具有了谋生的能力，如果不能使农业获得利益，那为什么要办农业学校和农业大学呢?国家需要培训工人，有人出钱的工作就应该纳入职业培训。

普教的必要性

普教问题是比较复杂的。

有人认为，雇佣童工是很省钱的，所以儿童不必进学校，在生产线上也可以受到教育。还有人认为，广泛开展职业教育，培养大量的普通工人和手工业者，这是很高效的教育。这些人认为普通教育没有必要。

上述这些观点都是不人道的，教育不仅是为了职业技能，而是为了培养高素质的公民。是为了社会的公共利益。而不是为少数群体和商人的利益，所以，普教不仅是必要的，而且是要尽力做到教育每一个孩子都树立健全的道德感。

普教要注重孩子的成长和发展，不只是传授知识，更要教育孩子的全面发展。小学阶段重点是手工劳动、园艺、缝纫、烹饪。童年时可以学农艺；因为儿童不仅从书本上学，还要接受这些科目的所提供的对身体、手和眼的训练。这些科目中还包含了对于勤奋、诚实、刻苦等品质的鼓励，还有领导才能、自律等的训练。这些内容即使到少年时期仍然实用。但是一般性的手工训练——使用真实的建筑材料进行的训练工作是毫无价值的。儿童玩具的制作，不缝合衣服的缝合练习，是注定要失败而且是没有价值的。纯粹的手工训练已经逐渐被有目的的劳动所代替。在中学的课程里，手工课程也一定是在劳动领域有实际价值的，进行手工技巧的训练，而不是只做样子。即便是大学生，也要上一两门手工课程。这样可以拓宽视野，增加劳动经历，得到专业的训练。

普教中的这种训练与职业教育不同，职业教育的目的是进行特定工作中的能力训练，如培训印刷工、速记员、缝纫工、木匠、机械师、医生、律师、牧师、记者、工程师等，这种训练是为了使学生能利用所学的技能谋生——艾略特校长称之为“生活——生涯动机”。教育的难点在于教育学生做合格公民，担负起在社会上生存和生育下一代的责任。学会休闲，学会诠释人生。

教育只能强调通识教育的价值，并尽可能地在课程中涵盖更广泛的科目，以有效的形式进行。这样也是为了抵制过早专业化的趋势出现。

教育方面的经济压力

教育承担着重大的社会责任，我们一定要为未来的社会状况制定出相应的教育规章——为不识字的人开办学校，为工人和售货员开办职业培训班——他们本该接受更长时间的普通教育，但因为各种原因未能实现，我们还要建立各类保障措施，使更多的年轻人接受教育，并且建立公共分配制度和奖学金，为有才能和有抱负的人提供继续教育的机会。

在教育领域，我们要保证公平和民主，坚决杜绝产生和使用特权，学校首先要坚决杜绝使用特权，不能拒绝那些在中学时期因为课程没有选对而需要进一步培训的人去补课。

每个人都有一种需求，有人指导他们接收最适合他们的教育，这种教育能使他们过上最好的生活。职业指导是“重新分配人才”中较大的一个方面（这话虽为一个教授所杜撰，但却有一定道理）。而且应该把教育指导作为一个重要内容来完成，这种指导既要考虑普通教育的需要，也要考虑职业培训的需要，当然，杰出的人才不会因为没有顾问或权威人士指导而被埋没，教育指导也不会发现许多沉默寡言、蓬头垢面的弥尔顿，也不会将许多不受欢迎的济慈送进药学院去。但是它会避免人误入歧途，这一点是大家公认的。然而如果一个人选择了不适合自己的路，教育指导也无能为力了。

如果学校能成为所有人的机会之门和向社会提供服务的便捷之路，那么投入学校的经费就会增加很多倍。我们必须清楚，系统的教育就是学校教育。学校之外还有许多教育机构，如图书馆，为教育做了大量的工作——在社会公共利益得到保证的同时，如果能够组织利用社会上所有有价值的教育活动，那么对于建立健全社会教育体系无疑是大有裨益的。

教育发展路线图

对于学校教育，不能只考虑扩大规模，其实很多学校规模已经很大了，但是体制并不完善，这是不合理的。我们需要开办各种类型的学校，设置更加丰富多元的课程，学校规模不宜过大，班级人数也不宜多，这样老师和学生才有更多的机会进行面对面的交流。我们需要大量的教师，而教师也需要具有较高的学历并接受过比较好的培训——这些是教育真正需要的。

要达到这样的境地，学校和教师必须更新理念。如果我们还把教学想的过于模糊或者过于狭隘——我们把教师当作知识的传授者，那就太狭隘了。如果我们把教师看成是模糊抽象思维的一门学科的监工者或工头，那又是太模糊了。教师的任务必须重新规划并且要明确。教师必须成为学生的生活向导，不仅要教好自己承担的学科课程，还要让懂得学习这门学科的意义以及如何运用这门学科知识。

要掌握学科的学习方法，了解学科的价值及未来的发展方向，让每一位教师都有更多的机会，特别是传统课程中的传统专业的教师。讲速记课程的教师只需把重点放在莫尔斯符号技巧的讲解和速度的训练上，而教拉丁文的教师要准确地使用时态。每个教师的首要任务是教好专业课。但又不能全让校长承担对社会的阐释与教育的应用课程，或者靠家长和小册子去完成。教师如果想使自己的工作得到公众更高的评价，那么就要使自己的工作更有价值。

要使自己的教学更有价值，就必须进行并发展教学科学和教学哲学研究，就像医生研究医生的问题，政治家要研究政治家的问题一样，教师就要研究自己的教学问题。教学问题是涉及人的命运及效能问题，任何学科都需要对教学方法进行科学的研究，对教学目的进行伦理研究。“我们如何才能教好”其答案一大部分是取决于“我们为什么而教”，这些问题最终任何学科都没有给出答案。我们可以用不同的方式和语言向任一所学校或课程提出问题，“我们如何把这些问题处理好？”“我们为什么必须处理好？”所以说，教育实践中的任何问题既是学科问题，也是哲学问题。

小学教育

小学阶段，我们更需要好的训练方法——更为有效的习惯养成，像学习算术一样。要取得这样的成效，我们必须借助于心理实验和对算术学习进步的精准测量。近两年来，我们对什么是算术能力已经有了较多的了解，但是，我们仍然不能把握不同的教学方法对算术能力的发展变化是怎样的情形？每门课程的教学都缺少教学结果的准确记录。我们缺少标准、基础测试和对我们所教学科的充分而详细的心理知识。检测和实验主要适应于记忆性的工作和习惯的养成，这些不能及时向我们展示一门学科与其他学科的关系，或与学校以外的生活的关系，也不能给我们所教学科带来活力。更不能给学生提供独立于合作的机会。他们也不能教会我们如何把学来的知识变成生活之光。对小学的算术课，用社会哲学来指导我们对具体内容进行取舍，证明对逻辑概念的轻重区分、训练掌握计算能力或对真实问题的操练是可行的。因此，我们在教授每门课程时都需要再学习，既要精，也要广。

中等教育

在中学教育中，上述这种双重职责就更多了，我们需要把义务教育的时间尽可能多的延伸到中学生的学习中去，因为到中学，就会有一些学生选择就业谋生，但是我们不能轻易把继续接受普教的学生和去就业谋生的学生完全分开，因为那些想就业的学生也需要继续学习。我们应该开办多种形式的职业培训，让那些学生继续获得完备的教育。

政府颁布了一系列法律来保障年轻工人继续接受教育的权利，雇主们必须支持工人利用业余时间接受教育的和参加相应的培训。这样的教育计划已经开始实施，并且已经证实这样做既有效又人性化。在加大教育供给时，对这些工人也要增加技能教育的比重，并通过科学评估来测试这些人所获得的教育成就。我们需要带着新的目的，在这种新的尝试下，学会如何使用这些传统的教育方法（这些新的方式，如学习家庭卫生或个人卫生等这些新学科那样），把多种形式的职业培训作为自选辅修课。

但是，在以普通文化教育为目标的中学，需要认真思考和辩证地看待传统科目的教学目的和教学方法问题。现代语言如何有针对性的教学？为什么要教这种语言？教学方法如果能根据结合完善的心理知识来进行，并通过课外学习完整地检测，这样掌握语言会比运用传统的教学方法更有效。如果我们能从对普通学科的模糊认识中摆脱出来，那么就可以更清楚地认识该学科的基本价值了，并且能更直接地获取它。把语言作为表达思想和提高表达能力的工具来掌握——要达到这个目的，我们要对基础信息进行分析，制定检测学习的标准；把外国文明欣赏加到这门课程的教学目的里——要达到这个目的，我们需要精选教材，把对生活更有重要参考价值的材料加进去。在这门学科和其他传统学科中，教师连续不断地进行调整，从教师和心理学家及受教育的学生那里，我们可以寻求到进步与改革。

对于教学方法的科学研究，可以借助于心理实验室的实验，或者借助于课堂检测，或者借助于准确的统计记录。但是上述这些方法只能为课堂教学打基础；教育方面的领导对教学目的的研讨，只能用术语做出新的阐释，关键是教师的反馈——学校教师必须让所获得的新的教学理念起作用，否则就证明无效。如果还坚持采用传统的理念和陈旧的方法——就像很多人一样，尤其在私立学校——他们会阻碍进步。但是如果匆忙地或者考虑不成熟地使用新的方法，同样也会导致失败。教师必须掌握所教学科的科学和哲学，并成为批判性的实践者；思想一定要开发，有批判精神并能提出宝贵建议。

大学教育

持这种态度的小学教师和校长比中学的教师和校长更普遍。公立中等学校教师比私立中等学校的教师更普遍。而大学教师中持这种态度的却不多见。并且要求针对他们工作中遇到的问题进行专业训练和研究的呼声不断。大学教师需要考核教学效果，需要对教学方法进行修改和完善，重新确立教学目的，寻找新的方法，最终达到教学目的。在美国，大学一定是文化的代表，但是它必须把自己从所选择的知识领域技术专门化的陷阱中艰难地挣脱出来——专门化本质上就是职业化。大学教授一定是专家，专业术语称为学者。大学生从自身的角度来说都不愿意或不喜欢太专业化。很好地学习一个专业领域，从该专业领域中获取知识，走近知识的前沿，去感受获取知识的快乐，这些就是大学课程中最基本的构件。在大学，人们更注重对知识的反思能力的培养。

作为行为的典范，大学教师应该从科研中抽出时间审视一下自己的教学方法和教学效果，对教学目的进行客观的评论，这是在任何学校讲授所有学科都必须做到的。

弗兰西斯·培根

欧内斯特·波尔波母

弗兰西斯·培根是我们最为尊敬的现代科学的预言家和鼓动家，在阅读《新工具》最后几页关于建立现代科学的汇总表时，我们为此而震惊，他对现在已经广泛应用于现代医学、气象学、工程学、航空学等技术和设备的精准预测记录在预言的方法和成就中，而培根本人却谦虚地说：关于科学的起源，他只是“给了地球一点点振动”而已。他的确不是具体数字的伟大发现者，从哈维以至到赫胥黎等的科学家们曾嘲笑他的实验是无用的。就连他所坚信的新的快捷掌握环境的方法，现在也还被认为是不切实际的。但他的《弗兰西斯·培根》一书，却被视为科学进步史上的一座丰碑。这本书以服务于更崇高的目标，以一种新的敢于攻克一切艰难险阻、自信合作的精神，为科学家指明了方向，带领科学家们向前迈进。培根的作品给后人树立了一种信念：依靠大家共同的努力，很快就会认识和掌控那些曾经无视生命的物理能量，正是这些能量曾经使人类长期处于贫穷、疾病，或因自然环境造成的事故之中。狄德罗在他的《百科全书》的编写说明中说：“我们亏欠培根的太多，他当时就推出了一个计划——编撰一部全球科学和艺术辞典，应该说，当时还没有科学和艺术的存在，在一个写出已知的历史都不可能的时代，他却以超凡的天赋给我们写出了一本必须学习的书来。”无论从事实验调查的人们在哪儿发现了新的自然规律，他们都会越来越倾向于把物质世界划归给人类的福利，而培根的精神在其中起了不可估量的作用。

培根不是仅专注于自然科学

培根在其他方面的影响似乎被他在自然科学史上的地位所掩盖，他之所以致力于自然科学发展，是因为他所处的那个年代人类因为对自然科学的无知而处于无序的自由的状态，并不是他本人认为自然科学永远重要。纽曼本人也并没有像培根那样强烈地坚持自然科学这条真理，尽管是浩瀚无边，但并不能完全满足人们的需要。在《学术的进步》前言的第一部分中，培根请求将科学发现应用于生活，这不仅是为了纯粹的科学真理，还要为明晰的精神、道德理念、精神的福祉。宗教和人文学科都得到了培根的支持。在《新工具》书中，给我们展示的不仅是公共科研机构的模型，还有关于社会和个性的理念。他所勾画的理想王国，并不是人们所理解的那样，是一个工业文明的国家，而是一个有信仰、注重人的情感、家庭生活和艺术美的联盟。

培根的随笔与其他作品的不同之处

在《弗兰西斯·培根》和《新工具》的前言中，培根认为世界应该是他所想象的那样或将会变成的那样。他在《随笔》中曾假设：不幸误导过许多现代评论家，并且有可能掩盖他的著名作品的独特优势。他指出，我们已经有了许多热情描写道德理念的书，我们真正需要的就是这些理念，是在一定范围内得到了准确的言论，及有关方法的言论，这些方法在日常生活中是可以付诸实践的。培根在随笔中表达的是：人类的生活不是应该怎样，而是实际就是这样。他说："让我们了解自己和我们想要的生活。"

培根不是一个愤世嫉俗者

有一幅反映人类的画，在画的下端有培根题写的一句很有个性的话："保持真诚真好！"这样一位严谨而公正的人类生活的观察家，自然地遭到感伤派的反对，他们说培根愤世嫉俗、缺少良心；例如他们无视培根的现实主义的目标，却去纠缠他对婚姻爱情的随笔，他们希望他高度赞扬婚姻和爱情的美好，结果却让他们失望和不解；甚至对培根随笔中的有些言词感到愤怒，他们甚至大声怒吼："一个多么冷酷、小气的家伙！他认为所有夫妻之间的爱就是为了人类的繁衍。"这些责备是不准确的，每一位细心的读者只要是没有受到对培根作品错误解读的影响，都会发现培根在随笔中所说的那种"使人堕落毁灭、荒淫纵欲的情爱"，是对人们的都认同的说法的一种责难。至于家庭生活，（如我所提及的，他在《新工具》中把她理想化了）他在关于爱情的随笔中简略地提到，但并没有用嘲笑的口吻去评说。而他只是认为，作为一种客观存在的事实，婚姻可能会对那些具有雄才大略的优秀人才有所妨碍，但是他承认婚姻还是比单身生活要优越。他鄙视那些缺少亲情保证，仅仅把孩子作为当成“账单”的人，他把婚姻称为一门“人类学的课程”，就是说培根认为婚姻是一所善良的学校，一种人性的教育。以客观、公正的方法和手段去研究人类生活在不同情况下的优劣之分，以便明晰人类能力的所及与否，这才是培根的最主要目的。

培根是实践的倡导者

指出伟大而智慧的人生理念是一项崇高的任务，同样，能深入到人们所困惑的客观实际中去也是不易的，但是有用的。这两点培根都成功地做到了。他做过律师，法官和政治家，深深知道人生的悲欢离合和种种的人性。他用天才的眼光观察同事，以敏捷的思维来了解他们的动机，以科学家的严谨态度来记录他所观察到的事。岁月见证了他在一定社会和政治条件下所观察到的事情的变化，但是人性和人的交往是不会改变的，他对事实的准确判断和给人们留下的深刻印象是不会改变的。如今，他仍然在现实中指导着他的读者。如果还想说，那就是听从他的忠告的人不会犯错误。或者肯定地说，他们比那些不了解培根的人犯错误的概率要低得多。

培根训练思维的方法

培根不仅是以实用的格言来充实我们的知识，他还训练我们如何明智地思考所面临的各种情况。他的随笔就如同一个个专题讨论，涉及实际生活的方方面面。他针对不同的问题，在告诉我们怎样去思考，怎样去解决，各种不同寻常的方法，极为高效。孩子们喜欢用“好”与“讨厌”来判断所有的人，而年龄稍大一些的爱用“都好”与“都不好”来判断事物；培根告诉我们该如何系统地判断好与坏，努力在寻找起关键作用的原因。他在随笔中就是运用这种方法来推理的：“这件事在这方面是好的，可在另外一方面就未必是好的；它在这个范围内是有用的，在这个范围之外就是没用甚至是有害的。”

培根对现实的特殊贡献

我们绝大多数人在一定时间内是明智的，特别是在没有什么事物吸引时，但是要时时地表现出你的明智，那则是很少见的品德。每当我们面临错综复杂的问题时，我们往往表现的不是明智，而是极大的热情、渴望和自信。有史以来，人性的缺陷、社会由来已久的丑恶，阻碍了圣贤们的努力，我们渴望消除这些丑陋的存在。对那些需要处理的具体事情我们太没有耐心了，我们从内心厌恶那些干扰我们预期的事物。简单地说，我们不喜欢真理；但是培根告诉我们，知识分子是社会道德进步和人的发展不可缺少的部分，他教导我们：要把真理引向理性的轨道，并让它发挥作用。自培根那个时代，他从迷信中挽救了科学；在我们现在这个时代，他从感性中挽回了道德。

洛克与弥尔顿

H. W. 赫尔姆斯

十七世纪是教育史上最为丰硕的时期，这是一个思想真挚、品格高尚的时代，也是勤勉工作、成就卓越的时代。可是，整个世纪的教育进步却是零散的。对于教育，这是一个做准备的时代，这个时代的改革者们是经过大半个世纪的努力才取得了这些成果，这些成果几乎都是当时条件下所产生的必然结果。

改革者们所处的是宗教、政治生活、哲学和自然科学都在重组的时代，矛盾冲突的体现是欧洲三十年战争和英国国内战争，在此冲突中的痛苦和忧伤为现代宗教打下了宽容的基础。在美国，已经开启了殖民地，英国与斯图特王朝的战争保证了政治自由的结束。在欧洲大陆，尤其在法国，最终以不流血的方式实行了变革。在欧洲大陆，众多的专制统治得到巩固，对教育造成了直接影响。同时，在许多勇敢的知识分子和冒险家的努力下，现代科学得以诞生，从开普勒、天文学家伽利略，到生理学家哈维。

弗兰西斯·培根是反对经院哲学的先驱和记者，他用新的观察实验和归纳推理的方法揭露了中世纪的错误和迷信。笛卡儿和他的同僚们的作品开创了现代哲学；在一个精神和物质都比较混乱的时代，伴随着这些货真价实的成就的取得，在教育方面的努力受到这样大的鼓舞，还需要奇迹发生吗?

虽然一个新的领域已经得到了部分开发，但是教师们还没有进入到该领域，即便在后来几年中，科学也很少被用于实现教学目的中去。一种新的方法虽然已经被发现，但是当时的普遍认识是：寻求真理的方法不如获得知识的方法。一个新的普及教育的需求已经开始出现，可是对十七世纪的教师来说，民主还是乌托邦式的承诺；因此学校的课程范围仍然不宽，方法仍然是命令式的，教育的机会还是供特权者享有。

约翰·布利姆斯里和查尔斯·费尔等作家，很重视改进经典名著的课程教学，而并不是以教导和训诫的精神，或者以延长教育机会的方式对学习计划中的基础课程进行改革。

夸美纽斯与《伟大的教诲》

那个时代，有人开始构想建立这样一种教育体制：即属于国家的体制，有国家投资，是义务的、民主的教育；是一个服务于所有人不同需求的体制，目的是在对每一个人的教育中实现其社会价值。这种体制最终可以建立起庞大的研究机构和实验场所，建立相同的研究生院作为职业培训和教师培训基地。这种体制最终实现所有学科都以科学的思想、自由的方式来授课和学习，所有学校、班级和科目都以自然而有意义的方式去选择和管理。

产生这个构想并为之奋斗的人就是伟大的教育家——摩拉维亚大主教约翰·阿莫斯·夸美纽斯。

洛克与弥尔顿的著述领域

有个不能否认的事实，夸美纽斯的重要著作《伟大的教诲》是教育史上非常重要的作品，其重要性甚至超过了洛克的教育思想以及弥尔顿的教育文章。

虽然夸美纽斯的《伟大的教诲》受到广泛赞誉，但是在当时却很少有人了解，即便是后世的洛克和弥尔顿都没研读过。只是这并没有影响二人教育思想的提出。

在洛克的《教育思想》一书里我们读到了一篇关于一位绅士的儿子在家里受教育的论文，这篇论文是根据一位现代心理学家和一位道德哲学家的建议，结合当前的实际情况，做了一些改进。《教育论文》中也提出了一个方案，这个方案是遵照一位大诗人和热情的爱国者的（充沛心智）要求，在更好的班级得以实施。在以上这些著述中，我们找不到对科学新运动的同情，也看不到在教育方面以及整个过程中对民主的预见。我们只好无奈地承认，洛克的教育观已经落后了，但是作为文章，仍然具有可读性，仍然是有益的。作为教育史上一份重要文献，直到现在人们也没有忘记他。

弥尔顿论教育目的和方法

弥尔顿散文的影响力在于他开阔的视野，以及他在英国文学的历史地位；他的《教育论文》提出了许多对现实有针对性的建议。

弥尔顿在《教育论文》中提出的教育目标是宏伟的："为此，我把它作为有造诣而且宏大的教育，这种教育是要培养人能够公平熟练而且高尚地履行所有的职责，无论是公众的还是私人的，无论是和平时期还是战争年代。”可是在复杂的现代生活中，任何个人都无法实现这个理想，这是毋庸置疑的。然而也应该看到，弥尔顿的教育理念与当代教育理念——教育是社会的，是一致的。

每个人都应该做好担负生活责任的准备，而不是仅仅培养成只占有成就或知识的人。《教育论文》的核心思想是：知识是应用的。弥尔顿所要求的“范围更广、理解的更深、更好的教育的第一原则”，是强调教育内容本身而不是教育形式。

按照弥尔顿的一贯想法，教育首先是文学，从拉丁语法开始，很快过渡到所学的书籍的内容和意义方面——“美好事物的实质”，会成为人们所见的现实的首要目的。这一观点现在仍然有效，即便用得很少，但是还在应用。教学极容易受到形式上的概念或专门术语的干扰，我们不希望大声呼喊，不应该给学生灌输“粗糙的概念和模糊不清的语言，他们期望的是有价值的、令人感兴趣的知识。”

如今的知识来源有可能是弥尔顿未知的，许多他曾经非常珍惜的来源今天已经不重要了，但是有用的知识无论是现在还是过去，都源自现实生活；《列西达斯》和《科马斯》的作者不能因为忘记了格式的要求而受到责备。所以，我们要尽可能更多地关注他们，他们告诫我们不要向初学者使用“知识抽象”，例如只是学习词汇等一类的东西—这类东西最好别学。令人欣慰的是，这是现代教育做出的努力，从最开始教阅读、算术，到大学最高层次的学习，目的是让知识为生活服务，也让生活点燃知识。

洛克论绅士教育

洛克的《教育漫步》中，没有弥尔顿《教育论文》里那些详细的方案，但是洛克曾构想出了整个国家的教育体制，在《教育漫步》里他仅谈论了绅士子女的教育，这暴露出洛克重视家庭教育而轻视学校教育的保守思想。他对当时的学校表现出蔑视的态度，并提醒人们审慎地选择家庭教师。然而洛克当时学校已经发生了很大变化，所以他愿意修正自己的观点，就像他对其他方面的看法一样。应该看到，洛克当时还不具有现代意识的儿童心理学的学生，也不是学习儿童普通心理和生理发展的学生，他在教育儿童方面的想法主旨是好的，但却不能完全效仿。对于我们来说，洛克短文的主要意义体现在他的由孩子父母和教师实施的道德纪律教育的设想中。他成为一个善于观察、阅历丰富、原则性强、富于人类同情心的人以后，他这方面的论述更值得我们认真研究。

洛克向我们提出的忠告主要是：丢掉棍子，不到万不得已不可使用；抛弃责骂、威胁、奖励、规则、讨论和劝说。要通过给予认同和关爱来培养孩子正确的思想和行为。在孩子的行为得当时，给予一般的优待；当他做了错事时，对他表现出不赞同或不喜欢，并取消给予的娱乐和陪伴的优待。但是家长应该学会在运用这条规则训练时所要注意的道德方式，也就是说，要考虑孩子的动机和意愿，不能只是注意他的行为对外界的影响。洛克实际上是主张使用一种稳定的、一致的、同情的、心平气和的道德力量作为引导孩子养成好的行为的最佳教育方式。他想让孩子学会：懂得爱什么；恨什么，并把这个作为首要的习惯，并以此作为他们成熟的理由。他的想法是让孩子的行为不仅与外界的要求保持一致，还要以一种自觉采用那些表达清晰的行为标准来做事。随着时间的推移，这些标准也能被解释清楚。为了达到教育的目的，洛克把教育权威当成道德的代理人。

洛克的语言蕴藏着智慧，即使现在已经有了更多的关于儿童教育的现代理论，家长们几乎找不到比洛克所讲的在家中紧急情况下对孩子进行道德培养的基本原则；道德培养是不容易的，因为它要求好的品质和正确的判断，对家长的培训也如同对孩子培训一样艰难。虽然现代作品中有许多关于儿童生活方式的描写，这是约翰·洛克所不知道的。但是以他的方式提出的很现实的基本理论，后来以不同的方式得到了广泛的应用，收到很好的效果。

洛克赞同弥尔顿《教育论文》中关于学习的基本观点，对于拉丁文的学习，他反对过于强调语法学习，而应该以扩张性阅读为主，他赞成手工艺工作培训要与书面学习相结合。这一点与弥尔顿提出的在实践活动中向执业者学习的方案相同。不过洛克的观点是个性化的，而弥尔顿的观点是面向全国的，这是根据以下事实得出的结论。弥尔顿在公务中认真使用知识和技能，所以，是以实干家的姿态来教年轻的知识分子；而洛克则把手工艺看成是绅士们的业余爱好。

有一点洛克被完全误解了，人们一直认为他是一位典型的正规学科信条的倡导者——该信条信奉的是“学习是可以选择的”，不是因为客观有效性，而是因为在智力的培训中或者在培养一种只是定义就足以令人费解的（实际上是虚构的）“综合能力”的过程中，可以获得假定的效力。关于记忆培训的文章就是证明。其实在文章中，洛克并没有那些观点，完全是人们强加给他的。他的确主张知识和道德学科同样必要，但也只限于培养思维和意志力方面。

上述两篇文章记录了很多与现代思想迥异的风俗习惯、标准和传统，其中所取的人名与书名，许多现代读者未曾听过；文章的作者没有吸收当时最有远见的概念和理念。但是，其观点和理念也被公认。我们必须承认，这些文章对我们来说仍热是新鲜的和有价值的，我们一定可以从他们的智慧中受益的。

卡莱尔与纽曼

弗兰克·威尔逊·切尼·赫西

在维多利亚时代的早期，震撼英格兰的最强声音，是纽曼与切尼，前者是点燃中世纪教堂蜡烛的温和派牧师，后者是感情奔放、成就斐然的苏格兰农民。现在，我们仍然能听到他们的声音，看到他们在时的相貌、姿态、语气和方法，还有对他们那一代人的要求上的巨大不同。马修·阿诺德在牛津对纽曼的描写至今还铭刻在人们的记忆中："谁能抵御那个精神幽灵的魔力，在午后暗淡的光线中飘行，穿过圣·玛丽教堂的走廊，升上了讲坛，以最引人入胜的声音，用宗教的音乐，歌词和思想打破了沉寂，那宗教的音乐——低沉、悦耳、略带悲伤；我仿佛听到他在说'经历了狂躁的生活，饱受了疲倦和病痛，战斗与沮丧、厌倦与焦躁、奋斗与成功之后，在国家经历了动乱与危难的变迁和机遇后，最终不过归于一死，上帝的宝座上终会空位，最终归于天主。'"

我们在介绍另外一位（在凯若琳·福克斯的报道中写到）："不多时，切尼来了，他看上去似乎感觉到身着华丽的伦敦听众们几乎不能让他作为普通的演讲者走上讲台，他身材高挑而结实，面带坚毅与质朴，充溢这不屈不挠的力量；一双炯炯有神的灰色眼睛，在两道浓眉之下闪烁着智慧的光芒；他神采飞扬，风度翩翩；他的演讲让人心悦诚服，他要讲的话还有很多，但是无法讲给听不懂的人；这位英国人所讲的充满美感的真理得到听众的欢呼雀跃，而他会不经意地挥挥手，似乎在说，这并不是真理所需要的敬意。”

这个人突然振臂高呼：“我们不要这个混乱的世界，看在上帝的分上，工作吧！使出你身上最大的能量，使出来吧！加油，加油！无论你做什么，努力去做，工作就在今天白天，当夜幕降临，我们便无事可做。”

纽曼与牛津运动

纽曼与切尼所做的工作与他们的性格截然不同，纽曼的一生是在激烈的神学争论中度过的；他是牛津运动（1833—1845）的领导者，牛津运动精神力量的激发者；牛津运动自《大港的时代》问世以来，经常被称为牛津运动者运动。这是一场伦敦教堂内部为了复兴天主教义的运动。这些教义在祷告书中仍然可以找到。这些教义实际上就是使徒传统、祭司制度、圣礼制和耶稣现身圣餐会。他们认为，圣公会教堂需要热情。

《鼓舞心灵的口才》是纽曼献给牛津运动的礼物，随着时间的推移，他的说教和福音使人的精神得到升华，慕名的崇拜集于他一身。“在牛津大学奥利尔学院的巷子里，心情愉悦的大学生会大声呼喊着，‘纽曼在哪儿?’”在纽曼眼中，基督教堂就是“不可见的物质的具体代表”。为了把教堂的象征意义带入无限的想象中去，举行宗教仪式盛会是非常必要的。教义，不是《圣经》传说中的刑具，而是树立权威反对刑具的，是用来保护原始基督教精神的。

纽曼在罗马教会神学和加尔文神学教派之间选择了中庸之道，即保护英国国教。纽曼以及追随他的年轻人都渐渐相信，权威与永恒的天平是倒向罗马教会的。在第三十九章天主教义的第九十条，新教会的壁垒响起那教派的一阵反对声。最终在 1845 年 12 月 13 日的教士集会上，出现了戏剧性的场面，牛津运动被扼杀了。纽曼抛开了中庸之道而进入亚比古道，加入了罗马天主教。多年以后，1864 年，他卷入了一场与查尔斯·金斯利的论战。这期间，他写了自己的宗教自传《生命之歌》，这本著作，尽管不能说是对金斯利反对罗马教会罪名的有力反驳，至少也是对纽曼诚实与高贵精神的成功辩护。

切尼与他的信条

切尼对纽曼没有一丝同情心，切尼曾经说："约翰·亨利·纽曼的智商还不如一只大白兔。"切尼自己一生投入到对伟大运动历史的撰写，如法国大革命，以及伟大人物的传记，比如克伦威尔和腓特烈大帝；他批判社会的邪恶，关注用书籍、缄默、工作和英雄来鼓舞和教化人们的灵魂。"书中自由过去时代的精神。""缄默是男人永恒的天职"，"工作就在今天"，"全世界的历史，实际上就是曾经在那里做过事的伟人的历史。"这些信条被收集在爱丁堡的就职演说中。圣人切尔西在对乔治·梅雷迪斯的一段最著名的评论中说："切尼经常站在他所讲的永恒真理那边……预言家精神在他身上体现出来……他是大不列颠最伟大的人物，不但在他所处的时代，即使后来英国知名人物无人能与他相比"；他"是泰特尼克，不是奥林匹亚；是挑石夫，不是塑造家”。假如他的作品不够完美。他会以最快的速度提笔将那些作品毁掉，并添加上让人难以忘却的语言。

无意识的信条

维多利亚时代最大的悖论是：气质、语言方式、生活方式等方面完全不同的人会有相同的思想或信条吗？他们的灵魂，他们的信条来源和支点，是来自同一个主导性观点，同样的观点会引导一个人坚信衣服越旧越有价值；也会引导一个人将旧的抛弃。这种主导原则就是“无意识信条”。

切尼第一次在他的短文《特性》中阐明了他的信条，他说：“思想坚强的人把信条看成智力、道德，或者反过来说，但绝不会和力量相联系；用健康术语来讲，就称为失去意识。”

在我们的内心，就像我们大外部世界一样，无意识的东西摆在我们面前，它们是既不是动态的，也不是充满活力的。我们的思维只是可以变成清晰思想的最表层的东西，在争论和有意识论述中，还存在着沉思；在我们宁静与神秘的内心深处，还蕴藏着强大的生命力。无意识的事物是可以创造的，它们不是被加工或制造出来的，因为制造是能理解的，但又是烦琐的；制造是伟大的，是不可理解的。我们必须弄清楚哪些是直觉的，哪些是无意识的；就比如对健康的理解，就是不合逻辑的，也不是善辩的，而是直觉的。表现正常的特征是自发性和潜意识的，“健康的人不知道健康，只是生病的时候才知道。”

面对这样的观点，切尼关于工作和英雄的信条基础已定，凭借着工作，自发性的自我游历表现的机会，英雄就是那些自发性的，诚实的伟人，时代的精英就是善于汲取众人的思想充实自己的人。

纽曼也是坚定而彻底相信潜意识威力的人，他在“论显性的与隐形的”讲演中，用“隐形的原因”指出“潜意识的沉思”——“推理是我们内在的一个活生生的、自发的能力，但不是艺术。”他后来又说道：“进步是一个成长过程，而不是一个机械装置，它的仪器是脑力活动，而不是学习语言规则和方法。既然每一个人在推理之前都有一个判断正误的本能，那么每个人也都有得出正确结论的本能。上帝在他奇迹般的启示录中把真理给予人类……这些真理就变为我们祖先的智慧。”这就是纽曼关于直觉、本能的坚定信念，所以他接受了这样的观点：人类的智慧比个人的推理更值得信赖。他相信，基督的真理不是根据个人的推理被保存下来，而是有赖于各种能力、洞察力和感觉，这些能力和感觉是在漫长的社会中找到的。所以没在纽曼看来，天主教不过是基督教信徒们身体发出来的声音——“无形物的代表”。

这两位伟人，互相并不了解，但他们的信条却建立在同一个原则上，即“无意识信条”，他们都能用有教养的恳求和充满激情的表达，来坚持这些崇高的道德真理；信任是自觉的，真诚是本性的，自觉与本性又同时服从于那些诚实的、能拯救世界而又天赋高贵的人。

赫胥黎论科学与文化

A·O·罗顿

赫胥黎在1880年英国伯明翰的马森科学院举行了论“科学与文化”的讲演，与其他科学报告会一样庆祝当地的大事件，并且回答了当时所提的问题，但是与大多数讲演不同的是，本次讲演内容成为英国教育发展伟大的历史性文件，具有深远的意义。讲演庆祝的事件是十九世纪围绕教育展开的“不懈的斗争，或者说是不懈努力中的一个风险。”这是关于十九世纪重要两项改革的论战。讲演者是为争取这两项改革顺利进行而努力的伟大领导人。讲演是以“一种艰苦而引人注目的展览会的方式进行的，其特点是赫胥黎的写作风格，因此而赢得了大家的支持。”

反对赫胥黎的人

“科学与文化”的意义是在它的历史背景中体现出来的。赫胥黎的观点已经被大家所接受；没有谁反对他的观点；科学是现代文化的基本元素，没有人否认“一个科学教育的延伸”是工业进步的基本条件。

可是，在1880年的英国，对于正在思考国家和其他管理的绝大多数人来说，这个观点是非常激进的。科学研究的倡导者遇到一个强大的、由商人和通识教育者组成的反对派。

科学的教育被商人所漠视，这对于经商者来说是有害的。英国的工业，在没有科学的指导下，奇迹般发展；工业大佬们因此相信“经验法则”，他们依靠这一法则而取胜，所以他们藐视科学研究与工业结合的重要性。然而德国却认识到了这个重要性，在以后的二十五年中，德国成为英国工业最强势的竞争对手，从而遥遥领先振兴起来了。

后来英国民众强烈要求运用赫胥黎提倡的培训方法。

在把科学引入到文化研究范围内时，也曾遭到强烈反对，把科学，像物理学、化学、生物学、地质学等作为文化基础，中小学教师和大学教授、专家学者们都持怀疑态度，甚至予以否定。只有赫胥黎坚信不疑，他提出：“要想得到文化，科学教育和识字教育具有同样的效应。”这在当时的学术界引起震动，就如一个由猎人组成的乐队出现时英国花园派产生震动一样。赫胥黎认为，1880年，“英国大多数受过教育的人”所持观点与三个世纪之前通识教育一样，他说，“文化只能由通识教育而获取。通识教育与文化是相同的，它与文学教育及发展方向密切相连，并且以独特的形式存在，比如希腊和罗马的古代遗物的形式；他们认为，只有学习拉丁文和希腊文，才会有教养。无论你通晓多少其他领域的知识，也只能是一个值得尊敬的专家，但不能称为有教养。识别人有无教养就看是否懂得拉丁文或者希腊文。否则，即便有大学学位，也不能称之为有教养的人。”受到良好教育的大学生会采取更加自由的态度；中小学教师和一些大学者，虽不能说他们傲慢，但也常常表现出自高自大的优越感。

还有一类有教养的人，打着宗教的幌子来反对科学研究，特别是对生物学的研究。自 1895 年达尔文的《物种起源论》诞生以来，科学家与神学家就进化论问题“不断争论和摩擦”，不可想象这些人因为这一理论带来的不快，以及当时进化论和他们的支持者受到抨击的事实。牧师和虔诚的教徒们认为这个理论是在摧毁神学和动摇基督信仰的根基。以赫胥黎为首的维护进化论的科学家们，都被看作是病入膏肓的理性主义、唯物主义和无神论者，与宗教势不两立。当然，科学研究就是反宗教的，造就无神论，消除信仰的，因此遭到强烈反对。论争直到 1880 年才终止，但是因此而引起的不快并没有消除。尽管赫胥黎在《科学与文化》的讲演中并没有涉及那些反对者，但是在他回忆录中仍然有一些关于这场冲突的记述。

在这样的历史状态中，这场讲演，对年轻的读者来说，是一件很不寻常的事；这是一位维护科学的学者在科学论争的激烈时刻具有战斗性的讲演。

无疑，赫胥黎的这次演讲和其他激烈论争是为了两大问题：一是为产业工人利益和支持产业本身的科学教育的扩大和延伸；二是修改文学研究计划，包括现代科学、自然科学，还有传统的拉丁文与希腊文研究计划的修改。为了这些，他遭到了反科学研究的商人和通识教育者的攻击。

赫胥黎给商界的倡议

在赫胥黎的演讲报告里，我们看到赫胥黎面对不同人的方法，对于实实在在做事的人，他采取恳求的态度，归纳起来即：“我不会强迫你们接受科学教育，但是，想到约西亚·梅森先生，为创办学校付出了一切，他和你们一样想干事业的，但是他相信科学教育，他准备用自己的一大部分财富，提供给进入伯明翰城产业的青年们接受科学教育，他的决定超过了任何人，这所大学就是对反对者的应答。我断定，没有比这更具说服力了。”

讲演临近结束，赫胥黎以科学对产业所具有的应用价值为依据，再次谈到科学教育，他说：只是作为文化来探讨，普通科学同样有应用价值，它可以提升人的品质，能提高工业产品的品位，从而满足不同的需求。

赫胥黎对文化与科学教育的结论

赫胥黎应对另一类反对者的办法与前一类有所不同，他提出推论式的请求，他从人们公认的文化定义开始，以他们反对的现实问题为答案，向反对者提出质问：“文化是如何得来的？我们的分歧在那里？历史会回答我们。人们通常以为，文化研究是顺应时代的发展而变化，中世纪神学是文化的唯一基础，因为它所包含的理念和标准最适用于对当时生活进行批判。十五世纪西欧的文化主流是古典文学，神学也应运而生。因为它的理念和标准比较实用，特别是在文学、雕塑等方面，推理得到很好的应用。可是，十五世纪以来，文化发祥地不断出现，现代文学、现代音乐、现代美术，现代科学的大格局凸显出来。现代科学与自然科学相关的书籍使我们掌握了新的判断标准和观念；我很清楚我们的差异在那里，因为我们还停留在十五世纪的观念里。你可以不管那个时期知识方面的进步，但是一旦文化成为现代生活的评判标准，那么，这些新的知识所提供的理念和标准，就会成为整个文化的一部分，这是毋庸置疑的事实。”所以，依据这个定义和历史事实的推理，赫胥黎做出了具有说服力的、妇孺皆知的结论。

赫胥黎的魅力

这场演讲质朴而明了，这是赫胥黎作品的风格特色。读者会忽略演讲者前面的演讲稿，好像深入到了他的内心世界而非词语本身；就如同透过明亮的窗子在欣赏风景。

赫胥黎的演讲历来都是津津有味的，用一位评论家的话说：“赫胥黎总能在一些乏味话题里加进一些人们喜爱的诗歌格律。”赫胥黎生动的语言和风趣的幽默，使他的反对者不再辩驳。

赫胥黎是英国最著名最突出的人物之一，读者打开他的《随笔集》，其中他儿子编写的两卷有关他的《生活与书信》，里面有一幅他的肖像，豪放中透着热情，这就是一个追求真理的肖像；面对艰难曲折，他没有退缩。他是一位无所畏惧的、豪放的、诚实的人，是一位有思想、有眼界、心地纯朴善良、富有名望的人。

自然科学

natural science

简　介

劳伦斯·约瑟夫·亨德森

自然科学是人类各种伟大成就中最新的一种。人类其他重大文明成就完全成熟的时间距今较为久远。很多人类智慧的艺术成果，比如文学与艺术，经过若干世纪的发展，已经成为人类共有的财富。即便是音乐这种现代的艺术形式也已经不再年轻。而科学是在十九世纪开始逐渐成熟，并在人类生活环境中发挥着各种不同的作用。在科学时代开始几十年后的今天，农业、交通、信息、食物、衣服和住房，以至于生、老、病、死等人类所有现实生活的经验和行动，都和以前有较大不同，甚至连人类生存的地球本身，都在发生着意想不到的变化。

同时，由科学导致的这些变化，把科学自身的创新与哲学的演变联系起来，引导了宗教思想的潮流。应该强调的是科学所带来的影响，有积极向上的，也有落后消极的；但无论哪一种，影响都是巨大而深远的。其中最值得称赞的是自然知识的积累，这是一切变化的源泉，对自然的认识带来了深刻而完整的变化。万物在接受自然的赐予时，对自然进行了挑选、衡量、计算、分析与归类。随着知识的更新和自然规律的显现，人们经过试验和数学分析的验证，直至实证知识能够揭示万物的起源以及所有的现象。人类已经对宇宙自然充分认知时，科学也即真正的成熟起来。

其实，从某种程度来说，科学的历史及对文明的影响是比较简单的，因为在深不可测的自然力量面前，它不是复杂的。科学来源于人们对自然的热情与兴趣，并成为人类文明史上最具魅力的重要部分。

科学因某些心理因素而产生，但它的历史更接近人类自然历史的部分。在人类近代发展史上，科学与自然环境的斗争始终存在，与人类战胜自然的能量和毅力息息相关，与人类在知识积累中所形成的知识结构息息相关。

人类学

人类生活在物质世界中，如食物以及服务于人类生存的生产和分配；为人类遮风挡雨驱寒的住房的建设等。所有人类的活动都是依赖于这些条件而完成。因此随着人类对世界不断深入的认知，人类对环境的控制促进了科学的不断进步，直到更好地进行物质生产与建设以及商品分配。这些进步也许并不是人类最为盼望的，但确实是人类生存不可或缺。

人类战胜自然的许多成就在史前业已完成。这主要是当时尚处于智力较为低下的原始人类不断积累丰富的生活经验和比较好的运气所致。从此人们学会了把泥土装进篮子里，再烤干以后铸成陶瓷。后来就把原木破开修理，加上一些小的发明创造，就造成了一艘小船或独木舟。

索福克勒斯在《安提戈涅》合唱中赞颂了这些伟大的成就：

生活的方式千千万，
几多精彩，几多奇妙，
都没有人类的表演——
更精彩与奇妙。
迎着凛冽的寒风
他，乘风破浪；
风云翻涌，砥砺前行。
前方迎接他的，
是古代地球上所有的神灵
永生而不朽的。
他，披荆斩棘，
奔驰着，踏出一条小路，
一天又一天，一年又一年。

鸟群在纷乱的飞翔，
野兽在原野中奔跑；
鱼儿在大海里畅游。
他撒网，他追捕
——都收入他的囊中。
人类学会了技艺，
精于艺术
野兽成了人类的网上之物。
汹涌的波涛，广袤的草原，耸立的山峰；
给马套上犁具，

把公牛赶上山峰，

一切都能驯服。

语言犀利、思维敏捷，

毫无怨言只为了更好地生活。

他学会了这些，学会了逃跑，

从寒冷中逃跑，

从暴雨中逃跑。

这就是无所不能的人类啊！

很多人把这当成人类成就自豪的表达，即是对人类战胜自然而获得文明的自豪。可是当我们在为原始人类所取得的成就而骄傲的时候，不要忘了这些成就的取得是人类文明发展之间存在很大差别。这是史前活动与伟大科学成就的差别。人类早期的成就有其独特性，例如驯养野兽，还有我们熟悉的火的使用，都是古人类自己创造出来的。实际上这些具有偶然性，它们的发生并未促进其他东西的产生。人类顺其自然地生活，等待着事情的发生，依靠事物本身的独创性，没有新的发现和发明的方法。人类还不能掌握系统的知识，还缺少知识的积累。每一项发明，还只是为了自身的功用，还不能带动其他成果的产生。巴斯德的自然界微生物空间却与此不同，他的这项发明突然间是人们对人类及动物得病的原因有了明晰的认识，很快人们就发现了疾病预防与治疗的方法。并且认识到了古老年代曾经发生过灾难的原因了。这些成就即是医药的发明。

如果说化学与农业方面也取得了成就，那么巴斯德的发明就影响到现代文明社会的每一个人。

显然，人类早期的实践成就并不能与自然科学混为一谈。他们属于人类发展的某一个阶段，为人类学家所关注。而我们现在讨论它是因为它能帮助我们认识什么是科学。

古代科学

在人类历史的早期只有少数真正的科学存在，比如人类对黄道和天文学知识的记载，在此基础上历法得到了完善。又比如三角形一类的相关知识，在人们调查尼罗河洪水方面起到很大作用。希腊哲学家也为古代科学做出了贡献，希腊的天才和思想使人类过于自信通过观察与试验进行无辅助计算的方法。结果希腊最鼎盛时期并不是科学最辉煌的时期。亚里士多德和他的学生泰奥弗拉斯托斯在动物学、植物学及岩石学方面做出了巨大贡献；但他们却没有以清晰的语言和精确的概念为基础的模糊的理论奠定正确的方向。

培根说："上层阶级（理性哲学学派）著名的代表人物亚里士多德，运用逻辑思维曲解了自然科学；他对世界进行了错误的分类，将其归入人类灵魂——世上最高尚的存在。"亚里士多德总是热情地解答问题，并从语言上肯定其积极的一面而忽略了事情的本质，结果与希腊其他哲学学派相比，他的哲学因为追求"完美"而最终失败。

阿那克萨戈拉的原子唯物论，留基波与德谟克利特的原子唯物论，巴门尼德的天地学说、恩培多科勒论冲突与友谊、赫拉克利特关于身体是怎样分解成客观物质后在重塑成固体的学说……他们所有人都涉足于自然哲学——有对物质、经验以及身体本质的观点。无论怎样，亚里士多德物理学中只有逻辑思辨，没有其他别的内容。没有别的内容。在他的《形而上学》著作中也是如此，只有一个比较好听的名字。作为一名并非唯名论而是现实主义者，他并没有采纳经验而形成完整的学说，而是凭主观想象来给问题定论。当他以主观想象界定问题时，他又诉诸经验了，与以前的观点没有差异。这是他顺从了这个过程，甚至于他比现代那些完全丢弃经验的追随者更加内疚。

很快，当亚历山大大帝成为希腊的中心时，形而上学的问题就变得更加凸显，积极的科学开始回归。人类经过一千年的发展，特别是阿里斯塔克、埃拉托色尼，西帕克斯，欧几里得，英雄以及托勒密，在亚历山大时期废寝忘食。他们实实在在的应用科学方法来收集天文学、几何学、三角学、光学、热学和解剖学等方面有价值的信息。这一时期最优秀的古代科学著作是阿基米德在希腊库扎创作的，他确立了静力科学。

依据迪斯雷力的定义，罗马人比较重视实务，因而重蹈了先辈曾经犯过的错误，限制了对科学进步的推动作用。当黑暗时代制约了科学活动，与当时其他领域比，人类所取得的科学成就就显得微乎其微了。

但是，可以肯定地说，真正的古代科学及古代科学方法已经建立起来了。对古代世界的一些不正确的解读，中世纪要比古代多。而人们过于重视亚里士多德的思想，致使文艺复兴以后第一个世纪科学的倒退。（但不可否认，如果古代科学，例如阿基米德的力学研究，欧几里得的几何学、亚里士多德的动物学，能给我们今天所了解的科学方法和特点以最好的注解，那么几乎所有现代科学的研究成果、人类生活和文明的进步在古代都不可能存在。）

古代科学在许多方面是无法传承的，现代科学才是今天社会进步的真正动力。

现代科学的兴起

公元十七世纪，现代科学有了很大发展，就如古代一样，人类的思想再次徘徊在想象与理智之间。在又一次全心投入于严谨的科学之前，许多学科领域产生了天才的著作，这些著作一直沿用至今，永远不会过时。

毋庸置疑，列奥纳多·达芬奇博学多才，他研究出机械难题的解决方法，完成了解剖学研究，在每一个领域他几乎都有建树。

他对事物现象与行为的观察力尤其突出，在这方面的造诣并不次于艺术方面——他的艺术著作仍然无与伦比。

出现在伽利略之前的两位现代科学家也非常重要，他们是哥白尼和维萨里。虽然哥白尼的著作在他逝世前才问世，它没有提供出日心说的证据，以至于在当时还没有给人们深刻的影响。

维萨里专注于解剖学研究，尽管这门学科并未对人类文明产生过深远影响。

十六世纪或更早时期，致力于把自然科学应用于工业领域的学者较多，但长时间以来，传统的观念、信仰的权威、迷信占卜术与炼金等伪科学的盛行阻碍了科学知识的进步，但是，有哥白尼，这些伪科学受到打击。到了公元一千六百年，焦尔达诺·布鲁诺被烧死时，日心说无论在听众面前，还是作为人类智慧自由力量的解说，都更加深入人心——对多数善于思考的人来说，真理已经明晰。

十七世纪爆发了史无前例的思想革命，这一革命的爆发有诸多因素，有少数伟人的引导，如牛顿、伽利略、哈维、开普勒、惠更斯、笛卡儿、培根、莱布尼茨等。代数学的进步，使笛卡儿解析几何的发明成为可能；还有牛顿以及后来的莱布尼茨，各自独立创立的微积分学；望远镜和显微镜的发明，有极大地拓展了人类的视野，总之，整个文艺复兴给人类带来了思维的现代化，这又一次促进了正确的科学思想成为现实。这要归功于首次发起思想革命的伽利略，他完全可以与阿基米德齐名。

牛顿与《自然哲学的数学原理》

从多方面看，十七世纪是科学史上最有意义的一个世纪，而科学也是人类历史上人类最感兴趣重要事情，这是伽利略的开创。现代科学是天文学之女，它沿着伽利略的斜面实验从天空滑向地面，因为现代科学是由伽利略、牛顿把自己的研究与后来者将开普勒的天文学联系起来的。自由落体实验与伽利略的代数几何法落体计算，加上开普勒的行星运动定律的伟大发现，经过哥白尼的假说启示，最终推导出牛顿的《自然哲学的数学原理》（英国人所著两本巨著之一）——如同莎士比亚话剧一样成为独占鳌头的旷世之作。

这一无可比拟的巨著，包含了力学方面的所有原理，自从一六八七年出版以来，后来许多科学家都虽然在此基础上进行一些补充完善，但没有谁能真正拓展其内容。在创作此书的过程中，牛顿无意间创立了微积分学，成为无数数学与科学成就的源泉，也成为编年史学习中矛盾争论的焦点。

牛顿的著作成为力学领域的奠基之作，当然该书还与十七世纪其他成就以及开普勒、伽利略的成就有关。特别重要的是力学领域的早期成就是以英国的约翰·纳皮尔和瑞士的乔博斯特·布尔吉独立发明了对数，以及笛卡儿发明的解析几何为标志。牛顿的著作还依赖于科学仪器和测量范围及精度的大幅提升。

从伽利略到牛顿，力学的发展就是科学进步的最好诠释。因为有了精确描述知识的广泛基础，又经过第谷·布拉赫及其他早期天文家得以确立。同时由于其高精度、广范围仪器测量，定量实验，以及半个世纪以来发明的数学计算推导特征，让经过专门训练的人类大脑思维更加聪慧敏捷，经受住了有史以来长达两个世纪的各种评价和考验。

哈维与血液循环

十七世纪生物学发展所取得的科学成就仅次于力学领域。一方面有维萨里为解剖学家的杰出工作所奠定的基础，一方面又受到迷信权威思想影响和希波克拉底与伽林曲解医学教义的阻碍。十七世纪早期，威廉·哈维发现了血液循环，后来经过长期的研究和反复的自我完善之后，他于一六二八年把这一发现公布于众。

中世纪错误理论方法与现代科学知识最明显的对比，没有比哈维的著作表现得更明晰而充分了；主要是因为哈维著作中几乎每一个观点都如同牛顿著作的观点一样富于现代气息。哈维著作在开篇引言中介绍了关于心肺生理功能的传统观点，之后又对这些传统观点进行了批判，认为传统观点是在玩文字游戏，继而是对观察与实验的简约明了的描述，以及运用科学知识进行严谨的推理，引导人们从梦境走向现实。

如同当时许多伟人的著作一样，哈维的著作没有得到学术界的认同。直到十七世纪中叶，才逐渐为人们所接受。在以后的发展中，显微镜和力学原理的支持，斯瓦默丹、格鲁、马尔波奇、雷迪、伯雷利、列文虎克等一些学者通过对生物学多个分支的研究，提供了许多重要的数据和信息。可是，自然历史尚缺乏天文学所拥有的精确描述和记载的夯实的基础与有序排列，经过了一个世纪，始于文艺复兴时期的伟大成果都遭到了破坏。十七世纪生物科学的盛宴：包括动植物解剖学的研究（尼希米·格鲁、马尔波奇、列文虎克）、胚胎学的发端（斯瓦默丹、哈维）、机械生物学（伯雷利），还有笛卡儿对反射动作本质的发现，几乎推翻了自然发生论的实验性研究（雷迪），以及中毒的生理学研究。

十七世纪，罗伯特·波义耳研究工作尽管很出色，却有点言过其实。因为指导理论有误差，他的化学研究一直没有进展。

相同的还有热量、电力和磁力的研究都变得无关紧要了，直到1600年伊丽莎白女王的医生威廉·吉尔伯特关于磁力的著作出版，这些研究才得到认同。

但是自然科学的另外两个分支——大气压力与光学的研究就比较幸运，托里拆利与维维安尼和伽利略的学生奥拓·冯·格里克、帕斯卡、波义耳对气压计与压强做了研究，而且得出了重要结论。

光学的研究当属牛顿与惠更斯，这项研究他们取得了实质性进展。然而，尽管牛顿沿着正确的研究方向提出了他的理论猜想，可是这门学科需要精妙的理论基础，时机还未成熟。

十八世纪

十七世纪科学研究最突出的成果就是昭示了自然界简单而精准的科学规律是可知的。在那个时代的各种发明中，伽利略的自由落体实验和牛顿的《自然哲学的数学原理》是其中最光耀的。这些科学成果的普及促进了人类对自然现象的迷信和反科学论调的批判。

应该明确，人类在知识领域迅速建立起来的信心并不是稳固的，是牛顿动力学和数学分析的成功，使十八世纪的哲学家相信，这些简单而科学、详尽而准确，还有让人满意的、关于复杂经济与政治等人类活动的阐述，与生物科学并无关系。十八世纪向着这个方向所做的努力都不仅是惘然的，而且浪费了人类优秀的智力劳动。而当一些简单、适度的问题出现时，这些失败又阻碍了科学知识的真正进步。

人类在十八世纪时期有三大任务：始于十七世纪的科学家组织，如伦敦皇家学会、巴黎科学院，需要进一步扩大规模；牛顿的研究需要借助灵活的数学工具进一步的推进和深入；随着科学基础的不断拓展，自然科学知识需要在各个领域不断发展，并进一步细化。莱布尼茨在推动科学组织发展方面做出了重要作用。在数学物理学的发展过程中，伯努利家族、欧拉、拉格朗日以及拉普拉斯都必须提到。博物学的发展历史上，林奈占据了主要地位，当然布冯也很重要。随着十八世纪的结束，现代意义上的生物学家开始登上了历史舞台。

十八世纪一项无法预见成就是在拉瓦锡、谢勒在普里斯特列的支持下创立了化学。在科学文明史上可以与牛顿、伽利略相提并论，这可谓是近百年来重要的科学进步。

十九世纪

十八世纪末和十九世纪初的十年间，社会的政治、经济与工业领域都发生了巨大变化，但科学领域的变化相对较小，科学领域的“文艺复兴”始于十七世纪，经牛顿培育而成。以后的时间里，牛顿成就了自己的事业，开展了一系列的科学研究。与此同时科学知识精神应用于蒸汽机和艺术领域，在不同方面影响了卢梭、伏尔泰、亚当·斯密等众多艺术家。但是他们之间又各有不同，他们感受到了新的力量，并对宗教、社会、历史和政治经济学方面的批评给予了有力的回应。

拉瓦锡以化学仪器和实验方法为武器发起了一场化学革命，其成就可以与牛顿的物理学相比，但化学在数学学科的应用上与物理学又有明显的差异，过去是靠试验建造了摩天大楼，到十九世纪后期，所有应用牛顿力学所做的事情都做得很好。何况原子理论需要发展，它与气体运动力学理论互相交叉——这一理论认为：分子在无止境的运动实现之前，是需要借助几何学来延伸的。当然，新的发展趋势已经来临，并已经成为科学进步最稳定的源泉之一。

继富兰克林和库伦以及其他一些人的工作之后，加瓦尼与伏达的发现，奥斯特与安培的发现，还有法拉第电流的发现，提供了电池和电流，揭示了电流到磁场、化学、光学、机械和热现象的关系，形成了另外一大趋势，这两大趋势都对艺术产生了深远影响。托马斯·扬与菲涅耳创立了光学，随着蒸汽机的发展，生理学和电子科学的进步，热量的研究就越来越重要。十八世纪中期，萨迪·卡诺、迈尔、焦耳、亥姆霍兹、开尔文男爵等人推动了热力学原理和能量保护与衰减定律的问世。

生物科学

在许多优秀的学者的努力下，显微解剖学再次焕发生机并向前发展；随着生物形态元素的被发现，细胞被承认。由此整个历史得到了系统发展。并产生了胚胎学与病理学。施莱登、施沃恩、冯贝尔以及威尔肖也因而扬名。

基于分类的僵化思想在拉马克、歌德、伊拉兹马斯、达尔文、圣蒂莱尔及一些学者的抨击下已经摇摇欲坠，在查尔斯·达尔文“物竞天择，适者生存”的生物进化论面前彻底衰落了——这或许是达尔文时期影响最深远的思想，人人皆知。遗传学就此诞生。这一部分功劳来自于达尔文的侄儿法兰西斯·高尔顿的努力，这是一个创新性的学说。

生物学的另外一部分是对消化、发酵、腐烂等的研究，他们讲过不同阶段在巴斯德发现微生物时达到了顶峰。雷迪和斯瓦莫丹提出的观点与学说确立了这一生物学的分支，同时对自然发生论给予了反驳。巴斯德的伙伴褒奖了他，把他的研究成果誉为“社会最伟大的福利”。这项研究促进了抗生素、免疫力、预防医学以及防腐、无菌、手术治疗等成果的产生。

研究机构组织

力学、光学、热学、电子学和化学领域的试验方法，现在被系统应用于生理学甚至心理学领域。在环流胞假说和胚胎学、进化、遗传、免疫力等的启发下，这些试验方法改变了生物学。

无论何种情况下，如果数学方法失败了，统计方法就能在合适的时机被使用。如统计学在人身保险方面就大有作为。

科学随时随地都在发挥着作用，现在教授的职位越来越多，社会团体也随处可见。学术期刊成为学者互赠的礼物；人们成立了科研机构，设立诺贝尔奖，许多人开始设计自己的生计，科学家们的研究质量也迅速提高。

军队被组建并得到管理，出现了许多以前不曾有的工作岗位。科学文献在各学科的专业期刊上被评论、阐述、有序分类，并得到了充分的利用。

科学的进步已经不可阻挡，就如同人类文明一样。许多人身在其中，不计收入成本，不关心自己的工作，对教会、国家和其他机构并不关心，但是他们依照规则行事，通过描述和衡量、试验、数学分析获取知识，也从身边的积极因素中学习知识。这些知识日积月累，不断丰富，在一些天才和伟人手里不断升值。但也有一些知识在庸人手里缓慢而坚定的增长。

科学与国家

科学发展的一个重要方面是与国家相融合，天文学家在皇室存在将近三个世纪，而如今我们设立的农业部门就有很多科研机构，我们还应该尽快设立公共卫生部门。技术性很高的知识急需增长延伸，这就要求政府行政部门和司法机关都必须掌握专业知识，并能提出相应可行的见解。

所以，专家必须受到重视，这是以前最有思想的天才也难以得到的现实。专家委员会、立法、司法专家顾问将成为未来国家不可缺少的重要组成部分。

专业化分工的加深

十九世纪的科学的科学潮流促进了更多的、程度比以往更深、类型更多的专业分工，比如哲学家笛卡儿，科学家兼数学家——十八世纪的伟人所精通领域都比较广泛。到了十九世纪，很多伟人也都广泛涉猎从科学到数学的各个领域。现在，环境改变了这一切，化学家也可能成为物理化学家，但是他们在数学领域兴趣是有限的。从另一方面看，数学家不会再像牛顿、欧拉和高斯那样成为物理学家。目前，估计没有一个人能够掌握所有学科领域的知识。在天文学领域工作的研究者基本是天文学家，他们就不会像物理学家使用光学仪器研究那样在行了。

在历史上，十九世纪至少有两项被后人铭记的科学成就：即关于物质、能量、生活和科学研究人员组织知识的统一性；新的科学发明已经成为整体科学研究的一部分，而不在依赖于个人，也不再于第一次就被系统完成。

科学的统一性

十九世纪中期科学领域有三项伟大统一被见证：能量守恒定律所发现能量统一、周期系统所发现的物质统一，以及达尔文所发现的生活统一。因为商业的需要，博尔顿和瓦特把马力引入能量衡量理论中，成为热量与机械功率研究的真正本质，并在还没被人以往时由萨迪·卡诺保留下来。最终迈尔·j. R 的推断、焦耳令人羡慕的试验，亥姆霍兹广泛深入的研究，以及其他能力守恒定律所确立的原则等，都体现了能量守恒的命题，而且以热量、光或电和其他形式存在。

前不久，在纽兰兹、迈耶和门捷列夫的研究发现了一系列特殊的相关联的、定期重复发生的属性及其组成部分，这些关系无法解释，只能通过一组数字简单的类比来表现其本质：

11	12	13	14	15
21	22	23	24	25
31		33	34	35
41	42	43		45
51	52	53	54	55

假设上面排列的数字没有误差，其数字 32 与 44 缺失，但表格中位置是空的。即是说，预测到缺失的两个数字的“特殊性”是可以的。同样的方法，门捷列夫的研究体现了元素之间的必然联系，他说，这些元素将根据它们原子的重量排序，其特殊变化也具有规律定期复发性，但分类是又有间隔。判断这些间隔周围的元素时，门捷列夫预测到了特定情况下缺失元素的性质，而如今这些缺失元素通过化学实验能够找到了。从下面锗元素的一些数据可以了解到，这些结果是与这位俄国科学家的预测是相符的：

项　目	预　测	观　察
原子重量	71.0	72.3
比重	5.5	5.469
原子体积	13.0	13.1
氧化物比重	4.7	4.703
氯化物沸点	小于 100 摄氏度	小于 86 摄氏度
氯化物比重	1.9	1.9
乙烷基比重	0.96	低于水

由此可以清晰地看到，元素之间都是互相联系的，现在的问题是该如何解释它们之间的关联？它们可能是依据一种有序的排列方式从其他物质演化而来。但无论怎样，物质不仅是不灭的，还会形成一种一元系统，现在我们可以确定，宇宙中存在物质的稳定性，只是这些物质的排列组合千变万化，我们还不能完全知晓。

人们唯一熟悉的但又无法用物质与能量形式描述的就是生活，而生活的特性是具有意识和思想的。一八五九年生物界诞生了达尔文的统一观点，以前许多人曾经怀疑所有的生物都有血缘关系，而胚胎学家的发现证明了生物个体的相似性比我们所认识的更加广泛。达尔文的依据持续进化过程的观点，为复杂生物的发展做出了一个合理的解释，世界也因此支持转换假说的理论。达尔文的假说观点有些可能会被抛弃，但是在世界范围内，也不可能完全放弃生物进化过程的信念。许多形式或许在开始时都是一种简单的形式，到了十九世纪人们最终还是认识到了科学与文明的关系的变化，这就是新时代的标志。

人类第一次全面地把握了环境，社会主体的新的机构也发生了变化，如金融机构和军事机构的建立，恢复了与现代社会另一伟大机构的联系。

系统从很多方面代替了机会，例如人类的活动，生产制造、战争、医药、商业本身等，都变得具有科学性。无论人们是否知道，它们是稳定的，不受人们意志影响地向前发展着，并引导人类进步。

天文学

劳伦斯·约瑟夫·亨德森

天文学一定会把现代知识界从中世纪的枷锁中解放出来。它告诉人们地球并不是宇宙的中心，只不过是千万个恒星中的一颗恒星，这彻底摧毁了一些人的信念——他们认为宇宙自古以来就是围绕着自己旋转的，地球是为自己而生，为自己享乐的。这是对天文学的巨大贡献。也为人类文明进步提供了重要依据。还如精确的历法、时间的标准、时间的计量方法、航海和地理探测的方法等等，天文学建立的时间也比其他学科要早一些，它已经成为人类最景仰的学科之一了。

天文学较早地奠定了自己科学领导者的地位，这既符合于世界三角学的观点，也适用于数论与牛顿的力学。虽然天文学从未停止它的进步，但是其他学科的发展更加迅猛，第一是物理学，第二是化学，再后来就是生物学，它们的成就掩盖了天文学的辉煌。

天文学长期以来的重要地位，因为光谱分析产生的奇特效果而得到很好的诠释。现在星云和太阳物理学的研究是人类兴趣的热点，古代天文学的主要成果是以托勒密的名字命名的托勒密天动学说，但这应归功于西帕克斯的研究。

早在公元一百三十四年，当有第一星族星等新星出现的时候，西帕克斯就测定了一百五十颗恒星的精确经纬度。在这一卓越的成就鼓励下，他全身心地投入到天文测量的事业中，最终确定了一千余颗恒星的位置。可以肯定，这项精确定量数据的基础和这项测量工作带给他的对这门学科的精通，引导他最终走向成功。他发现并以极高精确度测量了岁差，他测量的每天的长度误差只有六分钟；虽然他最突出了成就是编制数学工具并且依次计算出太阳、月球和其他星球的位置。

这项数学工具的突出特点是设想太阳沿着圆周的轨迹运动，但是地球不是宇宙中心，这与古代天文学有明显的不同。这两项数学理念支持了西帕克斯关于实用性历法的研究，可是不久，在托勒密及以后的整个世纪，任意假说以至于纯粹的理论被禁止，教条主义盛行，人们只是迷信和盲从。随着天文学知识的缓慢发展，理论只能越发复杂，才能适应现实的认识。在哥白尼时代到来之前的一段时间，天文学理论进入到一个非常荒诞的阶段，这在其他时代是难以想象的。天文学家们都相信：地球是运动的，或者围绕自身的轴心旋转，或者是围绕太阳运动，或者是这两方面情形都存在。

哥白尼学说

哥白尼于一四七三年生于波兰的托恩，母亲是一位德国人，哥白尼早年学医，后来在维也纳学习天文，在一四九五——一五零五年文艺复兴时期，哥白尼的研究达到了顶峰，他回家以后，他在埃尔梅兰任主教的舅舅为他在弗隆堡谋得一份牧师的职位。

哥白尼在那里一待就是四十年，他全部精力投入到天文计算与天文观察中，并将它们融合在一起；当他对日心说深信不疑时，那本标志着现代科学迈出第一步的伟大著作终于出版了，遗憾的是他在一五四三年病危弥留之际才看到这本书。

哥白尼在书中阐释道：如果月球是地球的唯一卫星，那么现有星球运动中所呈现出来的难题就会迎刃而解。他还假设地球与其他星球都是围绕太阳转的，只是他还没有去验证，就意识到自己观点的局限性，他并没有去证明自己的假设，只提出了这一基本天文现象最可以解释的原因。

这一学说艰难地推动着新的变化出现，首先是遭到了天文学专家的反对，他们用历史的传统习惯干扰这一学说的推行；但他们却无法证实这一学说。之后就是来自伟大的第谷·布拉赫的反对声，他与这一学说斗争了许多年。再后来就是神学家的反对，这些对立面阻碍了新的学说的诞生，当是最有名气的是笛卡儿。直到普勒定律的出现，才彻底粉碎了托勒密的天动学说，最后说服了所有的学者，他们才真正承认到哥白尼学说是正确的。下面是这些著名的定律：

> 在相同的时间里，太阳和运动中的行星连线所扫过的面积是相等。
>
> 每一个行星都沿着各自椭圆形的轨道围绕太阳转，而太阳则处在椭圆的一个焦点上。
>
> 每个行星围绕太阳公转周期的平方和它们的椭圆轨道的半长轴的立方成正比。

伽利略与牛顿

太阳系科学知识的进一步发展是伽利略关于自由落体定律和在抛射试验中的裸体与投射两种运动。再进一步就是牛顿对重力的解释从地球延伸到整个太空，而且提出了引力的强度与物体之间运动的面积和距离成反比的假设与论证。

《自然哲学的数学原理》中观点与开普勒定律，推导出了行星运动理论及证据，行星运动就如同行星之间互相运动的合力惯性和受吸引向太阳运动的重力。这一问题产生丰富的成果，仅仅就相关的两个物体，是数学天才牛顿的发现。

关于这场太阳的地球革命并没有被更多天文学家所证实，其中有些人还在抵触。因为假设地球真是在围绕太阳公转，那我们从地球不同角度观察，各个星球之间的相对位置就不能是相同的。虽然观察者之间相距 180 英里，但他们所处的两个点的不同地方没有观测到任何不同。

詹姆斯·布拉德雷是研究这一视差问题并发现重要数据的第一人，还需进一步考证的是，他发现星球位置的周期性变化，可以用来解释这一悖论，但是位置的不同变化是没有预料到的。詹姆斯·布拉德雷称之为光行差，并且他认为这是源于地球运动的构成和来自星球本身的光线——即像雨水垂直而下一样，但如果坐在行进的车上，雨水就会落在前面。尽管如此，这也是一个地球运动的证据，它出乎所料，因而更有价值。到了 1873 年，贝塞尔终于测量出了恒星的视差，这一问题终于得以解决。其实，所谓的困难只因为我们距离即便是最近的恒星太遥远了。

光谱分析

开启天文学发展新的历史时期是基尔霍夫关于光谱分析的发现，太阳的化学成分早已暴露，很快恒星又被人所探究，接下去根据光谱给星球分类就成为可能。最后是光谱的变化在很大程度上归于太阳年龄的不同，所有恒星的化学与物理特性都很相近，我们的太阳也极有可能与其他恒星相似。这一地质学说的统一性观点延伸到整个天文学领域。

这使人们产生了重新对星云的假说和太阳系起源推测的强烈欲望，通过类似的方式，太阳的物理化学性质问题及其内部发生的过程也引起了人们的关注，因为宇宙是同质的，我们可以把地球上的发现应用于宇宙的空间。这些已经不是几年前所看到的那样不可以接近了。恒星光谱的一些特性让天文学家判断出恒星相对于地球及自传运动。变星的行为变量也可以有一些用独创的假设来解释。

由此可知，古老的科学也会永远年轻，而且会为人类认识世界做出贡献。

物理学和化学

劳伦斯·约瑟夫·亨德森教授

在古代物理学史上，卓有成效的研究成果很少，最早的科学器械单弦琴启发了人们认识到构成和弦音的要素，原始的几何光学开始萌生；希罗等人熟悉蒸汽和气压现象；尽管亚里士多德在这个领域的影响长达两个世纪，但从整体上来看，其过大于功，只是他获取了许多新奇有趣的知识。除了阿基米德在力学方面的突出成就外，古代物理学和化学很少有能够称得上天才之作的成果。那时的大部分知识都是不同行业积累起来的一些技巧，如染色工艺等。

阿基米德的成就

阿基米德开创了静力学，他发现了杠杆原理——重量不同的物体在杠杆支点的距离如果与其重量成反比就会保持平衡；他提出了重心的概念，并且发现了重心位置的规律；他还发现了物体在液体中漂浮和悬浮的规律，包括阿基米德原理。传说他曾运用这一原理计算出了叙拉古贺农王的王冠含金量，由此发现金匠在制作王冠时掺杂了其他金属。阿基米德的研究以及他在数学方面的杰出成就是他成为人类最伟大的天才之一。其地位不亚于希腊其他伟大的人物。

但是虽然阿基米德做出了巨大贡献，古代物理学从中世纪到现代的传播并不是持续的，而且后人也没有做出较大改进。十七世纪是有些许进步，主要是伽利略到牛顿等人在动力学方面的贡献。除了拉瓦锡的研究，十八世纪在化学领域几乎没有创新性的、有价值的成果。有“电学和热学康特·拉姆福德”之称的本杰明·富兰克林和本杰明·汤普森是十八世纪最有贡献的人。这是美国科学研究中最突出的成就。

拉瓦锡与现代化学的诞生

拉瓦锡发现了物体的重量在化学变化中不会改变，后来他曾多次使用精确的检验方法来验证，并在此基础上发展了化学研究的指导原则，即质量守恒定律。拉瓦锡把天平作为化学研究的重要工具，他选择了氧化还原反应进行研究并取得了成功。化学反应的是多样性和有强度的，氧气不但是地球表面最常见且最活跃的化学元素，而且最重要的化学反应就是氧气反应。

氧气可以将碳氢酸中的碳分离出去，同时从水中分离出氢，这是化学反应的第一步：即植物形成有机质、动物将氧气与植物相结合。拉瓦锡认识到这一点及其他现象，因此揭示了自然界中又一个神奇现象的本质。这些研究揭示了人类所利用的所有能源的主要来源。

植物体内储存的能量（经过阳光照射的植物绿叶，叶绿素又能将能量转化为植物）在所有的能源中都能找到，比如木材、煤炭、石油及各种油，酒精等，把这些能源与氧气结合，产生水和碳氢酸，能源就可以释放出来。就如人体里所发生的化学反应，又普遍为人类所利用，产生的水和碳氢酸又可以被植物所利用。拉瓦锡了解物质循环的本质，这也是人类所有工业和商业的基础。

光的波动理论

物理界第二大成就是托马斯·杨和菲涅耳的光波动理论。在十七世纪，惠更斯提出了光波动理论，多学科科学家胡克在他之前曾经提出过这个观点。惠更斯假定光以波浪形传播，对反射与折射定律做出令人信服的解释，而且成功地将这个理论运用到冰洲石双重折射的难题中。但是惠更斯却没有建立自己的学说，牛顿的微粒说也阻碍了光波动理论的建立。

牛顿并不反对光波动理论，他在自己的文章中还多次表达对这一理论的认同和支持。是牛顿的追随者在牛顿设想的基础上提出了光的微粒说。十八世纪的数学家欧拉相信光波动理论，他纯理论性的观点与牛顿的追随者产生了很大分歧和争议。

十九世纪初期，光的波动理论又一次被提出，而且是由英国多学科科学家托马斯·扬提出的，他是在对薄板颜色精确观测的基础上提出的，多数人接受了托马斯·扬严谨的理论，可是与他同时代的有些科学家却对此不以为然，致使这一理论在二十年后才被菲涅耳确立，才进入人们的视野。菲涅耳推动了光的波动理论的进一步发展，逐步完善了与此相关联的数学理论。在阿拉戈的支持下，他终于使科学界承认了光波和以太的存在，成人礼它们的神奇的特性。

法拉第的研究

迈克尔·法拉第的研究成果对认识能量不同表现形式之间的关联作用做出了巨大的贡献，认识这些关联是发现能量守恒定律的前提。而这些只是迈克尔·法拉第研究成果的一部分，法拉第被称为最高尚、最有创造性的科学家，是最伟大的科学实验家。

法拉第研究领域广泛，他对物理学各个方面都很有兴趣，只要他关注，就会有重大发现。他研究的起点是跟随他的老师大卫在化学领域的研究，他发现了新的碳化合物，并且第一次液化了几种气体，研究了气体的扩散、钢合金与不可胜数的玻璃类型。随后他又转向了电，于是电就成了他日后主要研究内容。他用伏打电堆分解了硫酸镁，在此基础上又提出来电化学的基本原理。他选择纯物理问题进行研究，第一次发明了电线和磁铁彼此围绕旋转的方法。1831 年，又发现了感应电流，他的卓越成就得到了最有权威的批评家克拉克·麦克斯韦的称赞。

克拉克·麦克斯韦说："他的大脑飞速运转，一个新的想法从提出来到成熟只用了不足三个月的时间，追溯他的发现史，才能评估他所取得的成就有多伟大和富于创造性。意料之中，他提出的新想法很快就成为整个科学界研究的内容。即使是最有资历的物理学家，在使用他们认为比法拉第更具专业性的语言时，也难以避免出现纰漏。直到目前，那些曾经认为法拉第所表述的科学原理不够精准的数学家，也没有能够创造出与法拉第有本质区别的新的公式，他们在表述两个没有物质存在性的物体相互作用的过程时，也要引用法拉第的假说，比如电流的产生不像水流从水源流出，但是可以沿着电缆流动，最后归于无形。在近半个世纪以后，我们就可以说，虽然法拉第科学发现的实际应用在数量与价值上还在增长，但是人们还没有发现不符合法拉第科学原理的其他新的内容。迄今为止，法拉第提出的科学原理经受了科学验证，他使用的语言是唯一以精确的数学公式为基本阐述方式表述现象理论的语言。”

生物科学

劳伦斯·约瑟夫·亨德森

在生物和科学医学的核心问题中，《哈佛百年经典》完整地呈现了其中巴斯德的细菌和病理研究。这是因为巴斯德在解释微生物生存条件和活动的影像时，补上缺失的生命科学部分，这也统一了我们对生物彼此依存的认识。在整个科学领域，巴斯德研究的问题是涉及面最广、也是最重要的问题之一。它涉及发酵和腐烂，自然发生和繁殖的所有问题，感染性疾病的起因、传播方式、免疫性质和机制（包括疫苗和抗毒素）及许多其他重要的问题。在巴斯德成果的基础上，利斯特发明了外科手术。现代卫生的多数内容都来自巴斯德的研究。但是在这个过程中，许多研究者为此献出了生命。巴斯德还发明了化学工业和农业新的方法，他的研究成果创造了难以估量的巨大财富，同时也挽救了无数人的生命。

自然发生的疑问

亚里士多德对星鲛的胚胎学知识的阐述很详尽准确，他认为体型较大的动物如鳗鱼的自然发生（也称偶然发生）是常见的现象，也就是说，在古代，有一点常识的人都会不以为然。十七世纪，人们受到科学研究新精神的鼓舞，积极寻找这个令人疑惑的答案，博物学家的头脑里也始终萦绕这个疑问。

在这个伟大世纪中，哈维、雷迪和斯瓦莫丹对自然发生进行的研究极为重要。但哈维的胚胎观察与他的血液循环研究相比要逊色。作为胚胎学家他似乎在任何方面都不能超越亚里士多德。但有一点可以肯定，即他的胚胎研究启发了后来者对这个领域的关注。尽管他低级生物自然发生的想法还不成熟，但他始终认为大部分生物属于卵生繁殖。

相比之下，雷迪的研究更为重要，也更有意义。他设计方案，精心研究鱼肉的腐败。他注意到苍蝇会在鱼肉上产卵，但如果用薄纱把鱼肉罩起来，苍蝇就会在薄纱上面产卵。他便观察苍蝇是如何在没有罩的鱼肉里长出蛆来，有薄纱罩的鱼肉则可以避免。而且他发现在鱼肉里可以长出不同品种苍蝇的蛆，同一种苍蝇可以来自不同的肉，他由此得出结论，苍蝇是卵生繁殖的，肉的腐败过程没有自然发生出现。

斯瓦莫丹是伟大的博物学家之一，他验证了雷迪许多观察和结论，他多次观察微小生物正常卵生繁殖的过程，纠正了人们把貌似生物自然发生的现象当作自然发生的误解。

同时，列文胡克用显微镜观察到在腐败的流质里存在许多微生物，到了十八世纪，自然发生问题转变为微生物起源，斯帕兰扎尼的相关研究对自然发生论进行了否定。他使用了新的研究方法，把肉放进了一个玻璃烧瓶里密封起来，然后把烧瓶放到沸水中，给烧瓶里的肉彻底加热，并不断观察肉的变化，烧瓶里的肉加热以后，肉眼看不到肉腐烂的迹象，鼻子也闻不到肉腐烂的味道，显微镜下也看不到肉里有任何微生物。但是把烧瓶打开，让空气进入，肉就开始腐烂了。斯帕兰扎尼便证明腐败发生并不是因为受热对培养基产生影响，威尔士因为加热致使原来存在的微生物被杀死的缘故，即所谓的杀菌。

细胞理论和发酵

十九世纪初期，就出现了对自然发生这个古老问题的两个重要贡献，一是所有生物是以细胞为最基本构成单位的观点；二是人们知道了像胃液中含有多种促进消化的酵素，现在已经明确是不含细胞的，但是可以发生类似发酵的过程，这一发现使人们懂得了什么是有机发酵和无机发酵。

经过德国生物学家贝尔的努力，细胞理论发展成现代胚胎学和现代病理学。鲁道夫·菲尔柯在病理学的地位可以和贝尔相比，对酵素和发酵的研究和对产生相同变化的简单化学试剂的研究提出来很多新问题，并发现了许多解决一些老问题的新的方法。

发酵过程与化学的渊源和巴斯德的发现密切相关，因而具有特殊的意义。巴斯德是一个受过专业培训的化学家，他把自然科学的方法运用到生物领域，解决了许多人以为无法解决的问题。巴斯德的研究使科学界相信了生物的起源不是自发的，细菌等微生物的活跃程度超过了人们的想象。除了消化性酵素，微生物在所有发酵过程中是核心因素，使我们能生产酒精、酸奶和醋。所以在有机循环中，由单细胞构成的微生物起了重要作用。微生物无处不在，它们是借助风四处行走的真正食腐者，因为无论多小的东西都逃不出微生物的掌心。微生物还不仅是食腐者，它们无论在哪里发现了可以维持生命的有机物质，不论死的还是活的，都可以落脚，都能把动物最主要的排泄物转变成植物的养料。它们可以在体形较大的生物体内生存繁殖，还可能在这个过程中使寄生主产生疾病。总之，微生物的活动肉眼看不到的，无处不在的，它们填充了有机循环中空隙，使之形成完整的循环。

巴斯德研究成果的意义

微生物使地球上所有生物的化学过程得到统一，生物能够形成一个群落，一个物质循环不息的天然实验室。巴斯德的发现和他发明的研究方法可能比拿破仑还要伟大，他是一个卓尔不群但又纯朴的人，在十九世纪的科学家中，他可以与法拉第的天才与美德相媲美，在二十世纪产生了具有划时代意义的伟大人物中，他与法拉第齐名。

巴斯德的发现对奥利弗·温德尔·福尔摩斯的观察结果做出了解释，即接种疫苗的神秘过程。巴斯德的追随者不断努力，揭示了许多疾病的神秘缘由——即都因某种微生物而起。

毒素、抗毒素与免疫力

但是这些发现只是疾病研究的开始，人们很快发现还有一种东西比细菌在人体里的生长能力更为重要，即细菌产生的有毒物质。如伤寒症状与肺结核症状是不一样的，因此人们开始研究这些有毒物质或毒素，这是医学研究一个富有成果的重要领域。人体内的毒素会有怎样的命运？对寄生主产生怎样的影响？这方面的研究让人们发现了抗毒素，建立了免疫学。

微生物学的另一方面发展也很重要，酵母不是因为有毒素存在而产生酒精，或者使糖产生碳酸；而是因为有酶和可溶解酵素的作用。酶和可溶解酵素存于细胞里，这个很像胃蛋白酶。假如酵母细胞能够在可溶酵素的帮助下完成化学反应，那其他的细胞为什么不可以？事实上，其他细胞的确无法借助可溶解酵素发生相关化学反应，单细胞微生物化学过程的研究解释了大部分发生在每种生物体内现象，也就是说，人类解决病理学和原生质物理化学组织的根本问题所取得的进步，主要应归功于对微生物的研究，微生物虽然是单细胞结构，但是生物体所有的生命活动都与它密切相关。

凯尔文论“光与潮汐”

W. 戴维斯教授

读者如果好学，可以将凯尔文爵士的科学论文多读几遍，每次都要从不同的角度去读；读第一遍是了解作者提供的信息；读第二遍是知道作者获取信息的方法；读第三遍则要注意作者的表达风格。在从不同的角度对凯尔文的文章进行品读之后，你的思维就会有明显的提高。

展示科学研究成果

凯尔文有许多独到的科学发现，如他发现光是波形的，光的振动频率最高可以达到每秒数千亿次，在行星间的传播速度每秒接近20万英里；但是光以这个速度传播在真空区（如太阳和地球之间的真空区），需要一个弥漫的、稀薄的、连续的传播介质，就是人们常说的以太。取得这些科学成就是很艰难的。当然在其他领域（如物理、几何、数学）也是如此。阅读凯尔文的文章，需要细细品味，有些段落至少要读两遍。有些内容可能不太好理解，因为在理论讲座时无法体现原文中生动的实验。还有些内容浓缩精炼的很简短，又没有注解，所以也比较难懂。但当你读完第一遍以后，你就会对文中关于光的阐述和结论有清晰的认识。读第二遍的时候，对许多数字运算要感到有些难度，假如读者不懂日潮不等原理也就罢了，达尔文对这个原理阐述的非常精炼。同样，不懂数学，不知道谐波分析也很难读懂凯尔文对信息密集的表述。

科学研究的方法

读第二遍的时候要注意作者运用的科学研究方法，第二遍读完时最大的收获应该是对“推理”的过程有了更深刻的认识。自然现象——光和潮汐等直接观察大现象是很显然的“事实”，聪明的人只要动脑就会知道观察所得到的现象只是大现象中的极小部分，还有许多未知的因素决定了我们头上的天是蓝色的。而在日出日落的时候，地平线的天空却是黄色或红色。一些未知的因素也决定了潮汐每天发生的时间和力度都在变化。为什么光的传播速度那么快？月亮是怎样引起地球海平面变化的？只有知道了这些答案，我们才能了解这些观察到的现象的背后不可见的现象。这些不可见的现象被称为“推论事实”，借此来区别“观察事实”。推理是为了发现推论事实，揭示与观察事实的关系，即是说理论是对推理事实和观察事实之间的关系做出的合理结论。如何取得结论？结论取得之后又怎样判断正确与否？单凭一个讲座是做不到的，只有一篇关于科学方法的论文才能回答这个问题。我们的目的是让读者对科学方法有一个基本了解，如果想了解科学发现的全过程，就把凯尔文文集中的科学论文精读两遍，便可以对科学方法有一个基本了解。

思维活跃的人总会产生推理的冲动，那些自称为从不推理的、很现实的人，往往在用并不安全和科学的方式去推理，因为他们想了解多方面的现象。我们不能制止推理的冲动，但是推理能力需要培养。而且推理的结果不能与观察的结果混为一谈。另外，在发现了一些观察事实之后，深入探究的人就会构想这些观察事实后面隐蔽的现象，亦即推论事实，并用逻辑或检验方法来判断是否正确，最后才能确认自己的构想是否正确，是否经受得住检验。光的研究多数是实验性质的，而潮汐研究则多数是靠计算的。一个人要构想出观察事实和背后隐秘的现象之间的联系和那些隐秘现象发生的过程，需要很高的条件：要有敏捷的科学思维，思维的过程不仅是判断观察事实的过程；丰富的想象力，构思出隐秘现象发生的过程；要摆脱固执己见，相信实验和计算的过程。不论结论怎样，我们要掌握更多的科学知识，正如凯尔文的光和潮汐的论文所说，由“推论事实”构成，不单纯是观测事实。

我们可以用一个寓言故事来说明潮汐问题，曾经有一个人住在海边，他缺乏想象力但是很善于观察，他住的地方常年乌云笼罩，遮天蔽日，潮汐会随着周期的变化不断涌现。这个人观察到了这些现象，但是对表面现象之后的推论事实却一无所知。与他同时另有一个哲学家住在一年四季充满阳光的内陆沙漠上，并不了解海洋和潮汐是什么，但是哲学家精通太阳和月亮的转动与天体运动相关的地心引力问题。他就以此为依据做了一系列推理或者演绎，最后得出结论：“这些遥远的天体对地球一定施加了不同的引力，只是地球太硬了，不会对这些引力做出反应。而地球如果大部分地方被水覆盖，太阳和月亮对水面的引力就能产生周期性的变化……”后来，住在海边的观察家去旅行，遇见了在沙漠的哲学家，哲学家问他：“你见过大片水域的水平面产生了周期性的变化吗？”观察家说：“我见过，我正想请您告诉我为什么是这样？您是怎么知道这些的呢？”哲学家说：“我并不知道有大片水域的存在，但是我知道如果有大片水域存在，水面就一定会有周期性的变化。”这个寓言给我们的启示是：一个有智慧的科学家会把故事中的二者结合起来，既是哲学家，也是观察家；他会像这两个人一样独立的观察和思考问题。即通过观察获得事实，通过想象和推理对事实做出正确的解释。

阐释的范例

读第三遍是了解作者陈述信息的方式，拉近作者与读者之间的距离。所以第三遍就不同第二遍是作者和他提出的问题之间的关系，但都与第一遍有区别。读第一遍时读者只把作者当成一个阅读的对象，这里主要是指凯尔文关于光的论文里几个主要的表述特点。可便于读者依样地分析他关于潮汐的论文。第一是文章在解释光的时候运用了容易理解的声音做类比，就如同作者拉着读者的手，领他走向一条轻松的到达山顶的路。第二是作者由浅入深，一步步从小数字过渡到大数字。并不断鼓励读者：“这些你们都可以理解。”作者还用茶壶来做类比，帮助读者理解宏观概念。当提到美国物理学家兰力的著名作品和牛顿的划时代的光谱发现时，便可见作者个人的风格。还有用鞋匠的鞋腊做类比，作者饶有兴趣地提到自己的出生地苏格兰。在阐释乙醚的震动时，作者虽然对复杂的数学公式得心应手，但考虑到读者，还是用了一碗红色小球的果冻来做比喻。

总之，读凯尔文有关光的论文，第一遍能激发读者对光进行继续探究的兴趣；读第二遍时更深刻地了解了科学方法；读第三遍知道了书后面的伟大作者。认真阅读一本书，可以激发读者对书的渴求，而这也是阅读所有图书的最大收益。

传 记

biography

概　述

人们把传记比喻为打开社会精英之门的钥匙，所谓的社会精英，不是那些拥有财富、享受特权，或者传承世袭的人，而应该是通过自己的努力，施展自己的才华在事业与人生中取得巨大成就的优秀人才；是那些通过职业生涯精心规划而发展起来的人，是那些具有独立人格而成名的人，那些从无人知晓到名声大震的人。我们从内心深处厌恶单调乏味。而文学则另辟蹊径，让我们认同 4000 年历史选择的智慧，我们要从不同的情性中去寻找快乐的精神。生活不仅只是快乐，快乐不是生活的全部，只是生活的动力和调味剂。

为了美好人生而提高技能，塑造自我品格，就像正在航行的船一样不断调整自我的航向，以使自己适应社会，去勇敢地面对和克服我们在人生海洋航行中遇到的风浪，从而确立一个远大的人生目标，并坚定不移地迎风破浪，向自己的人生目标勇敢前行。为此，传记就是最好的生动事例。

当我们可能会远离自己时，多数人会感到烦恼与沮丧，有时遇到其他的不幸：如遭受莫名的厄运打击，陷入道德沦丧的境地，濒临绝望的悬崖边上，随时可能坠入地狱。而传记能拯救我们，使我们不至于迷失于痛苦的人生旅途，在孤独中不再悲伤；那些因为犯了错误而深感孤独和痛苦的人，就像在忍受没有学问的苦恼一样，终于有力量来承受这一切了。

当然，好的作品，无论是悲剧、喜剧还是小说，都只有一个目的，即通过富有创造力的人物形象和生动的故事情节让读者产生身临其境之感。让读者感受到故事中人物感情的变化，并与其一起体会各种人生体验。我并不是要中伤小说，小说都是通过完整的故事情节和具有象征性的寓意来体现它的价值的，我还要讨论小说与传记的一些关系，小说以它贴近生活的特征而应该获得较高的褒奖。例如在帐篷里生气的阿基里斯、因为妒忌而精神失常的奥赛罗、误将风车当成大野兽的空想家堂·吉诃德、名利场中的靡菲斯特、新来的上校、织工马南，还有其他世界名著中栩栩如生的经典的人物形象，数不胜数。

但是生活中的小说并不是传记的源泉，只有生活本身才可以称为传遍的源泉。

传记并不是简单的葬礼悼词

说道大家的喜好，传记在与小说竞争中之所以失败，因为许多人都认为传记的作者只是按照主人公的悼词来写。传记作品中都是各种赞美和奇迹——主人公是没有任何缺点的道德模范。其实，我们大多数人的性情都是好坏都有的，每当读到那些光彩照人的人物形象时，让我们感到难以相信。当我们读着那些铭刻在墓碑上的赞誉之词时，我们就会容忍了上面小小的谎言。——正如约翰逊博士所说，宝石在庄严的誓词下璀璨生辉，因为我们已经把颂扬的话写在里面了，当这些小小的谎言和颂词写满了一册册的传记时，我们会情不自禁地把书扔掉。

当下，像这样的生活谎言已经很少在书中出现了，由于不真实会让读者感觉被欺骗了。出于政治及公共事务的需要一些竞选人更希望作品夸大其词，把自己写成阿波罗一样的优秀男子；但是，这些作品中的人物也会像卡通人物一样很快被人忘掉了。

以前，在英文读物中，下等的人对上等人的阿谀奉承也是人们常见的礼物。在君主、主教、贵族、将军、诗人、艺术家等少数权贵中，谦虚并不是没落的艺术，因为谦虚从来就没有作为艺术出现过。而近来有一位愤世嫉俗而又善于阿谀奉承的首相曾说，他没有办法满足君主的虚荣心。不过现在人们的普遍感觉到那些不把谦虚放在眼里而善于阿谀奉承的人几乎得不到认可。不过我们只要关注就会发现那些流传至今的传记大都喜欢使用演讲等艺术表现手法，都是注重写实的，当然也有一些不经意的记录，与当时特定时期的表现手法和写作语言不相适应。因此，自以为是的作者很少有能够在他们自己生活的时代蒙混过关了。

不会有人因为畏惧那些自以为是的作家而放弃传记本身的宝贵价值。它不需要人们特意去学习如何辨别真假，这种学习需要的是对未知事物的好奇心，就像侦探工作充满出乎意料，并且就在自己身边。

所以，难以避免，传记中往往体现出主人公性格的一面，很多认为传记的作者带有强烈的个人主观色彩，抒写出来的人物与其本人相比更加出色、善良、有勇气。虽然本韦努托·切利尼描述的所有事情都还没有被证实，但是他的“一生”已经给我们塑造了一个具有传奇色彩的切利尼；一个文艺复兴衰落时期的优秀人物，一个富有才华但又自暴自弃、玩世不恭、谨小慎微而又不合时宜、典雅的形象，尽心竭力地去追求奖牌的完美无缺，甚至会为了瞬间的想法而不惜杀害自己的邻居。他还写了最有艺术特征的传记《歌德》，重新构筑了自己的童年和青年的故事，使事件的重点和顺序更适合编撰成一部著作；哪怕他自己，作为一名奥林匹斯山的伪装者，并不能因此而如己所愿掩饰住真实的自己。

我们可以因此去除对传记的担忧。因为生活在我们所拥有的财富中占据最珍贵的位置；即使是寻常的默默无闻的生活也会给我们带来欢乐，这些都充满了传记所需要的、能呈现给读者的各种素材，就是一座可以不断挖掘的生活富矿。

传记的趣味

传记能带给人类最高境界的交流乐趣，并且漫无边际，这就是人类不可多得的享受。哪怕你对生活在不同时期的重要而有趣的人物非常熟悉，或每个人都如在目前，但是如果没有传记这一充满艺术魅力的文学形式把以前的一切重新搬上艺术殿堂，重现逝去的一切，那你曾经相知相熟的一切就只能停留在记忆中了。而现在，有了传记，你只要伸手从书柜上取下一本书，就能进入到拿破仑、俾斯麦、林肯和加福尔的世界，与他们交流。你不需要匆忙地找一个时机，用大块的时间与客户做访谈。他们会在那里高兴地等着你，不会因为其他工作日程而推迟；他们会侃侃而谈，你只需认真聆听；他们会敞开心扉，与你共同分享自己内心的秘密。托马斯·卡莱可能从没如此暴躁过，马丁·路德也从没如此坦率，乔纳森·斯威夫特的愤世嫉俗也从没有如此强烈过。但是他们一定会宽容你，因为在他们每个人面前都放着一面镜子，你可以由此看到他们的心灵深处。你会比他们的同龄人更了解他们，甚至比你了解自己的亲密朋友还要深入，如果你是一个善于反思的人，那会比你对自己的了解还要细致。

我们无法在自己身上揣摩的诸多愿望一旦放在他们身上，很快就得到解决了。在他们身上我们看到了性格的本质，是可爱的、还是可憎的。我们也由此看到了自己的性格本质。虽然他们在财富和才华方面超过了我们，但是性质上彼此并没有区别，只不过是程度不同而已。人类之间的彼此联系使我们成为一体。如果不是这样，他们的生活故事就不会这样吸引我们，就像我们对蜥蜴蛇怪、狮鹫和其他幻化生物不感兴趣一样。

我刚才随意提到了的几位宗教界和文学界的政治家领袖，直接进入他们的内心世界有些不现实。但是平凡的我们最终会通过传记多方面的了解他们。我们时时会为自己一些无意识的想法、经验、感觉而吃惊，但是这些想法、经验、感觉在被那些伟人分享时，突然就变得很正式，很受欢迎。当然，检验传记是否优秀的“试金石”并不是因其伟大，而是在于其趣味性以及它的意义。从这个意义上说，传记与其相连的肖像画是一脉相承的。最完美的画像与传记都采用同样的创作技巧。画家画的并不是国王或王公贵族的肖像，而是他们身上的性格与品质。列奥纳多·达芬奇尽管也曾画过维多利亚女王的肖像，但是它永远无法比蒙娜丽莎的微笑更能吸引世界人的目光，让世人如此着迷。第一幅画我们不到十分钟就能读懂，比较简单，缺少内涵；而400年过去了，人们仍然对第二幅画的神妙莫测、若隐若现的微笑神往不已。

所以，用国际标准和不朽的名声来衡量普通小人物，确实很不显眼，但有时他又独具魅力。比如理查德·杰弗里斯创作的《我心灵的故事》就是如此。你也许不喜欢它，甚至我推荐给朋友阅读，他觉得这本书太令人气愤一气之下扔进了火炉给烧了。但你必须承认，如果你是一位富于同情心的人，就会发现这是一个对真实的人最原始的描述。所罗门的传记也属于这种类型，它描述了一个残忍的等级制度束缚下的特殊的性格。约翰·斯特林富有才华，可惜去世太早，没有留下什么著作；幸亏卡莱尔那部充满生机的著作，让我想起伦布兰特的一幅画——流传至今，历历在目。

传记写作的难度（技巧）

这些故事说明，一部好的传记并不取决于人物原型，但是一定要有一个出色的传记作者。因为传记是一门艺术，一门相当精湛的艺术。假如我们对传记著作里的最出色的部分进行评判，我们就会得出结论，优秀的传记作家与诗人、小说家或历史作家相比，更难寻找。

人们大多有一种不正确的观念，就是谁都可以拿起笔来写几句记述生活的文章，就像谁都可以画一幅肖像或谱写一曲奏鸣曲一样。在已经故去的名人里，只有十分之一名人的夫人或姐妹、自己的儿女能提笔来写出他们的回忆录。但最好的结果是描绘出家庭不同人物的形象，可信度比不上国王或王后的正式传记。

而这个人物是因为在社会上的各种为他写传记关系，如果站在夫人的角度可能出于偏爱，而站在孩子的角度，可能出于崇拜，让我们看到的都是丈夫或父亲的形象。

融入了个人感情，甚至是爱慕，可能会妨碍书写的，这是作为家属的作者难以克服的。好比为自己的亲人动手术，多么优秀的医生也会缺少自信，传记也同样。

知识、想象力以及感同身受是传记作家必须具备的素质；还有对艺术的解析，一些直觉和道德情感，这些在个人情感面前都是无用的。可是英文传记作家的优秀代表博斯韦尔，面对所崇拜的约翰逊，写作时，就努力做到还原一幅真实的人物传记，而不是一个极尽恭维与奉承的角色。乔治·特里威廉先生是麦考利先生的侄子，写作时是很容易受家庭观念束缚的，但是如今所写的叔叔的传记，其成就超越了作为侄子的角色，传记中的麦考利与博斯韦尔对约翰逊的描写同样出色。

培养传记的品位

人们对传记的喜好，尽管不是天生，但后天很快就会培养出来。许多人在童年时读了《富兰克林的自传》，便对传记产生了兴趣。这本被人称赞的作品，在人生的各个阶段都使人痴迷——年轻时迷恋于其精炼而变化多端的故事；年老时沉湎于对自己智慧与机警的自我欣赏中。他的坦诚、智慧与幽默让人醉心不已。富兰克林为自己写的自传就像笛福的小说《鲁宾孙漂流记》一样，其境界达到了同样的高度。跟随着他的足迹，你会走进了历史，走进了重大事件中，在费城、在殖民地、在欧洲。当你愉悦地阅读完富兰克林的传记，就会对书中的人情味赞叹不已，如他对婚姻的认识，谈到道德水平时，他承认与想象的相比，真实的自己有很多不足，他承认自己留给人们谦虚的形象，实际上和现实的他有一定距离。而他报告中对布拉多克谈话的嘲讽，就不得不提到几个极富于个性的段落，是全书的摘要所在。每一位读者都有自己所喜欢的，读完整本书，只剩下只言片语时，读者就不忍心和这个知识丰富老师告别。正因为富兰克林逝世前描绘了1775—1785年自己所经历的一切，整个世界才会怀念这部精神盛宴。我们真诚的认为，如果华盛顿是国父，那富兰克林就是国家教父。

可能你会通过其他著作了解传记，比如《拿破仑的一生》或《恺撒大帝的传奇一生》，以及其他一些如画家、诗人、作家、发明家以及探险家等的一生，也许这些人的第一次感动了你，但是最终你会发现你结识了一个好伙伴，就像现实中朋友一样真实。但是这个伙伴比现实的更幽默更有智慧，更生动。他会静静地等待你打开他，去走进他的世界，他会向你尽情地倾诉，不会抛弃你，哪怕是在你毫无兴趣的时候，他也不会有丝毫的冷漠或厌烦。更不会因为你的冷漠而有丝毫不满。这是因为你们的关系是单向的，他的思想精神是融入书中的，就像酒瓶里的珍贵美酒，只会随着你的心愿来供你享受，或者游离你的心境之外。

他把自己的一切都倾注在书中，前提是你也能给予他完美的心灵默契，这样你才能读懂他。

逝去的人把自己的永恒注入书中，读者通过阅读而产生共鸣，这种关系是绝无仅有的。在他的作品中，读者于作者是相互的关系，性情上是互相影响的，道德与责任是互相渗透的；在传记于读者的关系中，作者会倾其所有，读者会尽自己所能照单全收。作者不求回报，读者也不必寄生虫的恶名。如果你身心自由，没有人会横在你与作者之间。作者会通过一种微妙的亲和力拉近你或推开你。非同寻常，甚或中的这种理想伴侣就应运而生了。

传记的多样性

由于作者和读者之间存在着特殊的关系，引起我们联想的圣人和罪犯一样多，而且不会因为他们的所作所为而影响我们的责任感。在生活中我们所有的人都不愿意亲身面对犯罪与堕落；但是透过他人的传记就不同了，如果我们愿意，尽可以从恺撒·博尔吉亚及其父亲的一生来衡量人性的黑暗边境；或者从埃泽里诺和阿尔瓦身上感受残暴；或者从犹大、贝内迪克特·阿诺德以及亚瑟夫身上了解间谍、背叛者、告密者；还可以从乔治·劳、卡里奥斯特以及近代的推销商身上见到奸商与恶棍，以及使人反感的职业骗子。

从长远来看，我们在结交一生的朋友，他们虽然普通但并不平凡，他们把身上的优点做到了极致，一般人难以企及；他们具备我们缺乏但是值得我们敬仰的特质。所不同的在于他们所展示的魅力各不相同。我想起一个瘦弱的老人，她是和平的象征，她甚至不忍心看到苍蝇被打死，她竭尽全力毁掉了有关拿破仑的每一本书，并且极其蔑视拿破仑发起战争的行为。但是，伟大的领袖不止一位，都是把精力集中在阅读自己所信奉的于宗教相关的一两本书上。

通过充满艺术魅力的传记了解到主人公的人生历程，但是如果短时间内无法找到与现实生活相关联的关键所在，在传记里发现朋友，但我们就不能深陷传记中。通过对他们了解，我们也可以了解自我。他们能平定我们紧张的情绪，能帮助我们解决问题，帮助我们确立生活目标，给我们增添动力；他们还会向我们传授与揭示人生的意义。总之，他们给予我们的活生生的实例，让我们学会了生活，并指引我们勇往直前。不然，我们的感情就会枯竭。但是他对旧世界顶礼膜拜的行为的确不值得赞扬。

逝去的王者，虽然深埋于地下，但是他们不灭的精神仍然在指引着我们。

不论他的人生信条是什么，没有人能够如此自信并且富有创新精神，他们不受任何影响，不管他们自己是否承认，作为逝去的国王，传记拉近了他们与读者之间的距离，并使他们的形象鲜活起来，从此使他们的教育意义更具有针对性。这些是传记带给我们的福音，但是由于任何健康的心灵都不能一直保持兴奋，因此与传记主人公相比，会有其他角色带来不同类型的情绪。我们需要放松，我们的智力就像精神世界一样如饥似渴，实在的娱乐自有其理由，传记为我们每一项爱好都提供了不同的选择。

约翰逊博士和他的圈子

要想得到长久的乐趣，其中最有效的方法就是让自己成为重要团体里的一员。比如博斯威尔为大家讲述了这样一位博士——约翰逊和他的团队。他有这样一种能力：不论是伟大的领袖还是平凡的普通人，只要在他的传记中出现，都能让读者对其的人生经历产生浓厚的兴趣。你会很迫切地想要了解约书亚·雷诺兹爵士、盖瑞克、戈德·史密斯以及伯克；读完你就会感觉于上述每个人的交往远远不够，都不能满足自己想深入阅读的冲动。当吉本出场时，你就会情不自禁地走进他的传记。查塔姆和福克斯、诺斯、谢里丹都是应该仔细阅读的人物，你会好奇为什么俱乐部的其他成员会联合起来一起宣布亨利一世是当时那个时代最有才华的国王，再深入挖掘你就会获得结论，原来是因为知之甚少，自己才不得不接受亨利一世是那个时代最强的人的观点。

随着社交范围的不断扩大，你就会理解范妮·伯妮，他的回忆录比《埃维莉娜》更容易读，斯瑞尔女士——永恒的女性类型，她们的使命是尊崇她们所信赖的男人，蒙塔古夫人——专制而又才华出众的女文学家，完成了一部文学著作，还有许多其他人，从科西嘉岛被征服的爱国者帕奥里，到乔治亚州的殖民者奥格尔索普。

约翰逊圈子的素材是极其丰富的，不仅包括正式的文献，如传记和历史记录，还有书信、回忆录、日记、奇闻逸事等席间漫谈——经常摘引历史记录和传记精髓的记录方式。没有一定的时间，你是无法读完这些珍贵的资料的。只霍勒斯·沃波尔，就超越了潮流。渐渐地你就会从各个方面来认识主人公一生的场景。你就会看到他的人生轨迹，或者掌握他的人际关系。你就会发现那些传唱的悲伤小调变成了现实。比如洛维特——值得信赖的仆人，比如于博士一起喝茶的老妇人，以及在咖啡馆里很少见到的对文学作品和政治话题乐于评论的客人，还有靠养老金艰难度日的可怜的被遗弃者。你就会体验到角色和舞台场景下弥补缺失角色的乐趣，或者发现隐藏在证据之间的关系，而最终能够融入那个集体。不论白天你得到什么优待，或遭遇什么样的折磨，到傍晚降临时，你就会进入一个神奇的城市，忘记了自己现在，展开想象的翅膀，进入久远时代主人公的经历中，生活在永恒的充满想象力的光明之中。经历这一神奇的探索之路，你对人性有了更深入的认识——隐藏在你内心深处神秘而原始的人性光辉。

除了约翰逊博士的圈子之外，你还可以选择其他很多人，比如湖畔派的诗人——拜伦、雪莱、济慈，比如维多利亚王朝中期的政治家和作家，再比如共和国的建立者——爱默生和他们的同伴们。利用相同的方法，你就会发现自己的兴趣在不断延伸，我们获得的并不是生活的表面，还会达到生活的深度与高度，我们可以通过多种方式去获取这种知识，这样就可以既能达到最高的顶峰，也可以潜入深不可测的水底。

自传的价值

自传是传记中的一种，而且是很重要而珍贵的一种，但是自传有一个共同的问题：因为自传的自我本位而使自传形式上势必冗长乏味，最终不被人认可。自我表达的冲动超越了所有的方式，这也是人类保护自己的本能。伟大艺术家通过才华表达自己，无论是绘画还是雕塑、文学还是口才。他这样刻苦的努力，想要做到完全的客观绝非易事。虽然还是那份工作，但是他主观上要为此添彩，纯粹的科学家尽可能地要对被污染过的材料进行消毒然后才进行试验，并发现抽象的道理。不过这只是个人的倾向而已。不会减少我们作为人类对他们的兴趣。

如果远离它，我们会更迫切地想知道人类社会是怎样成功的，想了解在激情与矛盾及在各种问题的限制下，怎样能探索出沉寂冰冷的太空世界和繁杂细微的电子世界。

我们高兴地发现，达尔文成为全新自然生态法则的先知者——一个强壮、安静、谦虚的人，在疾病的折磨下疲惫不堪，但是仍然耐心地忍受着并坚持真理，直到被认可，最终获得世人的赞赏。

或许有人在自传中表现的过于自命不凡，自负或盛气凌人，你应该学会宽容，你要认识到这是一个天才成长的必要条件，就像牡蛎产出珍珠必须有分泌物一样。只要产出了珍珠，就能弥补分泌物的过失。当然，自负是公开的，它没法欺骗我们。就像一个小孩一样年幼无知。正是这些试图想让我们相信他们比我们知道的更伟大，这种想法使我们很反感，更让我们了解他们是多么自负、多么可怜。但是由于自负的男性向来又很优秀，甚至可以说伟大，尽管他们身上的瑕疵让我们不舒服，我们也不应该，因此而无视他们其他方面所取得的巨大成就！对那些潜意识的幽默大师，我们也应该少一点嘲笑！当维克多·雨果隆重宣布："法国是文明的引领者，巴黎是法国文明的中心，而我是巴黎的大脑。"我们会因此而去反驳他吗？显然不会，我们只能会心一笑。还会被雨果的激情而感染，从内心感到满足。因此罗斯金在《普雷特利塔》中表现得很虚荣，但并不影响这本鸿篇巨制中所洋溢着的美感。这似乎更可以看作对真理的守护了。

无论你喜欢什么，如果真的要探寻自传的价值，就不会在传记这一领域偏离的太远，即使你对浩如烟海的英语自传文学世界并无兴趣。我刚才说到富兰克林的自传，吉本的传记可以说是姊妹篇。这部著作讲述了十八世纪一位卓有成就的、智慧于儒雅的、勤勉而完美的天才，他在感情方面却一直缺少热情；他在父亲的命令下违背了婚约，他说"我在爱情方面无所作为，就是一个乖孩子。"

还有约翰·斯图尔特·密尔，他既像富兰克林与吉本一样是纯粹知识分子，同时又是一个感情充沛的人。他早年形成的伟大思想并未泯灭自己对宗教的渴望和对生活的感悟。纽曼的《我的辩护》中绝大多数笔墨都化为乌有；比如试图给冷冰冰的《忏悔录》的另一端神学教义血管中注入热情的血液而努力，最终都变成徒劳。

与之相比，《约翰·伍尔曼日记》，是精简而求实的励志箴言，没有赘述中世纪神学家提出的诡辩谬论，而是有意识地面对神永生的存在。

我们关于伍尔曼的争论焦点在于他完全另类的物质欲，我们感兴趣的是他及他所处的那个时代的故事，而他却不屑与我们分享。

在其他方面，有些很多自传丰富多彩。许多士兵写的回忆录，都引用了格兰特将军的自传，仿佛回到了恺撒《高卢战记》中一样。作家、诗人、政客、小说家以及名人们主动向我们敞开心扉。从维多利亚女王的《杂志里的叶子》到布克·华盛顿的《超级奴役》，互相对照，跨越了历史，内容极其丰富。

在其他方面，也可以从自传中发现人类有关才能的精到事例。比如我曾经提到的《本韦努托·切利尼》的生活，艾法利、佩利科、达泽里奥、加里波第等其他经历过“自我启示”的意大利人。还有法国人，这里的每一个似乎都比其他民族的人更愿意把自己作为戏剧中的角色，因而产生了丰富的自传作品。其中有代表性的就是卢梭的巨著《忏悔录》，内容翔实，通俗易懂。小人物的卑鄙嘴脸跃然纸上。

传记与历史的关系

从大文学的角度来说，传记是介于史学与小说的一种文学形式。是历史学的一个分支，传记没有把想象束缚在一个时代或世纪的狭小空间，而是以千年为纪元，结果，失去了对生命个体的关注。

他们努力探求解释宇宙发展的规律，探寻共性的集体行为，观察组织结构的演变过程。在他们眼里，拿破仑也不过是历史长河中的沧海一粟。

我并不是在贬低这些学者的努力，我们大多数人都能体会到在浩如烟海的历史时空中穿梭的魅力，就好比航天员在太空中往返。

这是一次令人激动的旅程。这旅程没有任何风浪，稳坐家中，随时启航，随时靠岸。没有任何责任。即使是日常生活中的微小事情，经过我们的笔端也能让我们心满意足。但是我们不要过于重视从过程乐趣中得出的概括总结的价值。历经数十万年，人类个体被放在强大的显微镜下，变得极其渺小。因此，我们不能在推测新石器时代与新世纪之间人类的进程时，忽视一两个无法计量的年代。当人类缓步走出地质时代创造自己的历史时，没有什么能比得上人类个体对群体推动所产生的作用更大。只要有两个人在场，我们就可以证实这一点，不可避免会有一个领导者。

由于人类生长于荒漠之地，个体不断增加，并且越来越呈现多样化。总的来说人类具有很大的可塑性，易于适应不断变化的新环境。就像能储存巨大能量的水池，总会有一个领袖人物在施展自己的才能，开创自己的事业。更多时候，优秀的人才不是规划出来的，但是他们总是具有让同时代人难以模仿的能力，如影响力、控制力、令人倾倒的魅力。有些人认为拿破仑是他那个时代成百上千的普通法国民众的集合体，这个理论是没有根基的。他的有些性格与普通人一样，他的身体器官也与其他人相同，胃口也与常人无异，而使他成为传奇拿破仑的恰是别人所不具备的特殊才能。

我们安心地学好传记，不仅仅是因为传记是作为历史的附属物，而是它可以成为汇聚历史长河的一个支流。传记的素材关乎特定历史时期的事件，我们可以从中探寻伟人导演历史事件的重大意义，并且乐在其中，因为在探寻中我们会发现历史发展的影子。从中了解伟人的生活琐事——博罗季诺严寒下拿破仑的窘迫，腓特烈二世在十字军发起东征时出现了晕船的情景，公牛跑第一场战役时麦克道尔感染了霍乱等历史人物的悬案，种种惊险的经历。我们会发现，男人、女人，都是现实中的人，而人类能有规律的进化发展，在于人本身的动机与行为。当然，单个人的异常或变故也可能会中断历史发展的进程，或然历史进入人们难以预料的轨道。

这些历史人物的生活——共和国的缔造者和共和国的守护者，以及共和国的先驱们，他们的生活具有双重的魅力：一方面鲜活地展现了那个时代的历史的面貌，通过他们的内心世界和思想动态，我们认识到了人类历史发展的特征和他们的工作状态。当一个历史人物具有如此大的影响力并在他们身上能融入一个群体的特征时，我们从他们的传记里看得更为真切。

传记与小说的关系

传记在很多方面与小说存在交叉，小说家们很早就青睐于当代以外的其他时代，因为“当代”总是被当作时间的替罪羊。人们对当代缺少想象。这个三条腿的板凳对于清教徒来说就是一条板凳。但是现在已经成为古普利茅斯或古塞勒姆的一部分，因为充满了富于想象力的联想，或许连布拉德福德市长和普里西拉·马伦斯都曾经坐在上面。那上面刻着历史家留下的话，现在仍然发挥着巨大作用，这样的情景，再一次还原了亲历者。

作为职业小说家，他可以根据自己的喜好接受或者拒绝，因此他碰到难解的历史事件，可能就回避或变更了。或者按照自己的兴趣像传记作家一样，重在对人物及性格的描写，最终写成了原貌的人物作品。但是，如果历史人物出现在小说里，就不可避免地被小说家修改了，他们已经不是原来的他们了。

当然，从更高层面看待小说与传记的相对价值，我们不能妄下定论。我们不能再为抬高传记而贬低小说，也不能刻意放大雕像的作用，而降低绘画的功能。如果那些才华横溢的传记作家与小说家在同样的水平上，说明在文学素养较高的读者眼里，传记与小说这两个文学分支的地位就会出现交集。正像我说的那样，小说的最高成就在于创作了一幅完美的画卷，使故事里的人物和情节如真实发生了一样。

换一个角度说，关于对现实的关注，小说家与传记作家的出发点不同，特别是在小说家善于驾驭较难梳理的故事情节的优势下，传记作家在选择故事人物的过程中会受到一定的羁绊。必须面对现实的是，假如十八世纪除了小说之外的文字记录都被销毁的话，此后五百年的时代后人就无法认识我们这个时代人类真实的生活。没有任何一种文学形式比小说更能加速这一粗俗话的进程。如今的小说不再标榜善良与伟大，最好的也只能算是平庸，不好的就会趋于堕落，而且小说正在走向堕落的边缘。

这种试图反映生活的艺术，宣扬以小说本身的各种样式来展现人类生活的各种姿态，却对最高境界的表现形式不屑一顾。因此而与更广阔的生活面隔离开来，无法进入真正的通用艺术之列，比如绘画、雕像、伊丽莎白时代的戏剧和传记。

自 1850 年以来，英文小说层出不穷，但都没能创造出一个能够与亚伯拉罕·林肯或加富尔相比的角色，缺少与加里波第相媲美的英雄浪漫气息。拿当代小说来说，即使是虚构的场景，哪一部小说能说自己创作出了西奥多·罗斯福或 I. P. 摩根这样的人物？就我本人而言，如果可能，让我从失事的船上选择营救乔治王时代的小说家还是博斯韦尔的《约翰逊传》，我会坚定地选择后者。

传记的艺术性

下结论之前，请允许我再次回到“传记是一门艺术”这一话题上，如果你不能为传记作者的千姿百态的风格与能力而惊叹，那就不能行进在这个领域。有的人会把一个鲜活的话题写得索然无味，有的人能把一个耐人寻味的话题写得干涩枯燥。而水平高超的传记作家会把一个平淡无奇的生活故事写得津津有味。你们可以开始研究艺术的写作规律，自己来决定传记有多少是依赖作家的，有多少是依赖传记主人公的；总之，主要是要对主人公生活的那些部分进行描述。请记住，如果生活有一百个片段，那没有哪一个片段是不能描述的。因此，传记作家必须进行精心选择。可是，那些个人的、意义重大的、引人入胜的故事情节，怎样组织？这都是出自传记作家之手。素材的选择和观点是所有艺术形态的太阳和月亮，除非他们能够为作者服务，否则作品就无从下笔。比如，当哈夫洛克的作家尽自己所能而致力于军事成就时，你就懂得了选择的力量。或者当另一位作家描写格兰特将军晚年的不幸遭遇，就像描绘被骗了的人对金融骗子的仇恨一样描绘维克斯堡战役时，你就找到了表达怨恨之情的最好例子。经过训练，你就能学会如何从饱经折磨的受害者身上发掘出真实的特征。

教你学会批评，会帮助你充实自己。我已经提议将约翰·伍尔曼、富兰克林自传以及弥尔顿的自传进行比较；这个过程可以从多方面推进。对于传记作家来说，只要认为是重要的，就可以寻找任何时期的资料作为自己创作的素材。比如普鲁塔克，给古代政治家和士兵们留下了长长的一条人物肖像画廊。其中，一个现代的普鲁塔克的方法和结果会与他有什么不同呢？如果是博斯威尔而不是色诺芬编写了苏格拉底的著作，他添加上什么呢？对于聪明机智的艾萨克·沃尔顿，生活中的沃尔顿，多恩和赫伯特，你们最留恋的是什么呢？

面对数百本拿破仑的书，我们对拿破仑的认识真的比恺撒更多一些吗？《瓦萨里的生活》千篇一律的共性模糊了多少他们的个性？这些还有其他问题诸多问题都会激发你阅读传记的热情，都指向三类深层次的问题：传记作家的写作技巧，对公众人物兴趣的视觉变化，人类自身缓慢变化带来的性格变迁。

传记的前景从来没有明朗过，传记作家们会一直不断地深入精益求精，不断前进。生活，生活的每一次冲动，包括连续不断的胜利的冲动，都显示着在个体生活中，自始至终都没有出现过宇宙哪怕是最微小的部分变得抽象的情况。在这个物质世界里，至少在动物和植物的有机生物世界里，现在以至于将来，无论哪里都是一个个个体形态物存在，小到原子，大至天狼星，无一例外。即使在万物千奇百怪的相互变化中，生命止于死亡，死亡诞生生命，每一个个体都在跟着时代的脚步前进。

因为个性化的历程是由低等到高等、从简单到复杂的循序渐进，历史上大家认可的伟人或者是某个群体中杰出的人物，他们或者具有非凡的品质，或者把普通的品质提炼到极致，最终使他们有更多的机会向外界展示自己：更大的能量、更广泛的兴趣、更深邃的魅力，这是传记成就他们永生的根本所在。小说家的创作来自于大师的大脑，传记的主题源于上帝自己，上帝创造的现实世界一定是永远超越于人类的想象。

普鲁塔克

W.S. 弗格森

普鲁塔克亲切而和蔼，在哲学与修辞学方面接受过很好的教育。他于公元46—125年生活在古希腊皮奥夏地区，凯洛尼亚的偏远小镇，他一生致力于演讲事业，与许多希腊和罗马志同道合的人相交往。他很幸运，生活在那个时代，吉本在《普鲁塔克》中说："如果让人去留意人类繁荣幸福的历史阶段，他会毫不犹豫地投身进去。"普鲁塔克著作中所描绘的中古世纪黎明之时，清晰地反映了他的魅力与倦意：他匆匆地脚步、朦胧的眼神、日暮黄昏的时光。

普鲁塔克的迷信

普鲁塔克精通多方面的才艺，几乎能对所有的未能知晓的事情做出预测。但是他的才华又找不到重心，他所学的东西没有和自己的能力相匹配。有关普鲁塔克的思维方式和他的自然科学一些情况，在他的著作《伯里克利的逸事》中有所体现。其中一段说：伯里克利从他的一个农场带来一头独角公羊，当预言家看到那头独角羊的脑门中间极其坚硬时，判断说当时城里分为两大利益团体，一个是修昔底德；一个是伯里克利，而政府只会倾向于这只命运之神所象征的一个，可是阿那可萨哥拉裂开的头骨在人们面前所显现的是大脑还没有填满的空间，就如同一个长方形的鸡蛋。把各部分装进容器里，羊角指向了自己起源的地方。修昔底德的势力不断膨胀；国家政府各部门都归入伯里克利手里。阿那可萨哥拉对预言家赞叹不已。两者皆为自然科学家和预言家，一个是通过事件产生的方式来判断其缘由；一个是依据事件的结果来推断发生的起因；这是他们的职责所在，事情发生的起因、发生的方式、发生的方向；预言的结局、最终预示的结果，都是应该找到的。

一些人自称要探究奇迹发生的原因，实际上是在毁坏奇迹发生的意义，他们在没有意识到应该挖掘奇迹发生的原因时，就在断送人类艺术发展的方向，例如，铁环的碰撞、火灯塔以及沙漏，这些现象都有形成的原因，可是这些原因与发明的初衷完全不是一回事。这些又都是研究的内容，或许会使有其他方面收效。

猎奇与爱国热情

普鲁塔克喜爱读书，他所生活的世界并不是眼睛看到的世界，而是以他丰富的想象描绘出来的世界。即是说他更多的是在对往昔的回忆中生活。他对身边发生的每一件事，都有很强的好奇心，就像异性的吸引力。那些被神化了的风俗习惯对他越来越有吸引力，使他产生了浓郁的亲切感。但是他并不盲从，年轻时性格奔放，充满了对古旧历史保护的热情，对与他一样热情的创新者提出来严格的要求。这些在别人看来有些不务正业，甚至被别人鄙视。但是这些都因他的博大胸怀而改变，他是一个忠诚的人，他忠诚于自己神圣的公民责任，忠诚于自己对家庭的责任；忠诚于自己的朋友，忠诚于自己的种族。

普鲁塔克是一名传记作家，他以对传记、职业的热爱、很轻道德意识而著称。他因为对别人发的忠诚而成就了他的传世名著《希腊罗马名人传》。

在创作中，他尝试着为罗马伟人和希腊伟人分别立传，让罗马人的光荣和希腊人的智慧产生了有趣的对比。

古代的科学与哲学传记

在古代，哲学和科学传记是各自分开的学科，科学传记重在记录这样一些事：人们各种才艺信息的组合；它主要以客观地描述细节为主，但也为个人展示自己留有可选择的空间。选择的内容可能有色情的、政治的、阶级的、哲学辩证法的，或者是单纯的爱情丑闻。这样的传记形式上可有可无，精力投入可多可少。评判的价值不大。再次出现在我们面前的失传已久的科学传记，出现在普鲁塔克同时代的苏维托尼乌斯所著的《罗马十二帝王传》中。

同时，我们在普鲁塔克的《希腊罗马名人传》里卡到了失传的哲学传记。在漫长的历史发展过程中它逐渐取代了我们，许多同时代的作家也出现这个过程。传记开始创作以后，前一本著作总被后一本所代替，而最后这些著作又被普鲁塔克的传记所替代。《希腊罗马名人传》中有一段记载：无数的书籍、画册、剧本、回忆录等都被洗劫一空，奇闻轶事和警句从文山书海中挑选出来，收录在普鲁塔克的著作中。他搜集了大量著作，许多原本的佚名前辈所编著的资料都被他所采用。可是他并没有对引用的资料进行核对，他始终忽略了这一点。结果他的《希腊罗马名人传》漏洞百出。但是他却得到了历史学家的谅解。因为书中与内容相关联的资料经过了比普鲁塔克细心的而又有时间得到人们的努力，其中有些素材甚至出于几个世纪前古希腊早期的文学里，现在已经失传了。

普鲁塔克对《希腊罗马名人传》的贡献

普鲁塔克的《希腊罗马名人传》，是集不同时代传记之大成、融百家思想之争鸣之作。犹如中世纪大教堂一样。这些传记形式统一，风格相近；这并不是哲学传记作家的创作，在很大程度应该是普鲁塔克知识水平的结晶。他并不是一个薄情寡味、没有立场的编撰者。他的《希腊罗马名人传》风格统一，贯穿始终的是他睿智精巧的个性特征；全书每一处带有批判性的言辞中都带有他的哲学观点。他掌握娴熟的写作技巧，独具匠心的幽默性描绘，无不是他的风格再现。希腊人的语言特点是尖刻，而普鲁塔克作为希腊人也体现了这一语言特点。他举止得体，就如同时代人一样，同样具有男女关系中亲密的自然的兴趣；更别提他戏剧风格。他的《尤里乌斯·恺撒大帝》，甚至超过了莎士比亚，克里奥兰纳斯、安东尼和克里奥佩特拉更具有戏剧风味。

然而，除了对他作品的优良品质进行褒扬外，也必须承认，与那些高水平的哲学传记作家相比较，便相形见绌；普鲁塔克长于写作技巧，让他来传承这些伟人的生平是一个不明智的选择，运用道德来解读，这些就显得比较苍白。人们在性格各异、才华卓著、坚定信念的激励下，像木偶一样，高扬美德，威慑罪恶。所以人只有在把自己与社会隔绝的情况下去写作，才能体现自己的本色。而且他们的个性也只有在那些不被人们所关注的环境下才能表现出来。书中对琐事的描写就是普鲁塔克的个人伦理的自画像，甚至比他对历史英雄胜败得失的描写更加真切。传统的道德问题衡量对政策与最终形成决议具有重大意义，但是并不会决定每一个历史环境。

所以现代历史学家和史学传记作家主要任务之一就是坚持毁灭“普鲁塔克的主人公”，由古代真正的政治家和军事家来取代。但他们以后就不可能尝试去除普鲁塔克为每一位主人公身上添加的素材。至于这一职责的不易之处在于容易出现像爱尔兰文盲农民马哈菲讲故事时所说的那样：从前有一个邻居很富有，“他就像普鲁塔克一样长寿。”

本韦努托·切里尼

钱德勒·拉分

意大利文艺复兴时期出版了很多著作，如关于人文主义辩证法，这些主题现在已经没有意义了。他们主要表现在对文化条件的阐释上，而并不重视内涵价值。那个时期的文艺作品，如雅各布充满浪漫主义气息的田园诗歌，源于塞涅卡、普劳图斯或特伦斯风格的作品，因其重要地位而成为古代文艺复兴的典范，为后来传世之作的萌芽。正如米开朗琪罗十四行诗中所说“这时期的著作虽然数量不多，但历史价值却超越了以往任何时代。”为数不多的还有马基雅维利的著作，其不同之处在于专注考古及自身，还有这一类的《本韦努托·切利尼的自传》（他生于1500年，卒于1571年，自传出版于1568年）那个时期只有这本书最能代表文艺复兴时期的发展趋势，最受广大读者的喜爱。其原因应该归结为以下两个方面。

切里尼是文艺复兴时期个人主义的代表

这是读者研究文艺复兴时期意大利生活的重要文献，其著作的特点与当时灵性运动密切相关。文艺复兴有两个主要特征：人文主义即投身于古代文化，个人主义即专注于个人发展。而本韦努托更注重后者。人们关注的焦点从自我逐渐转移到他人个性特点上，这一转变最终导致了传记文体的产生，其中比较杰出的范例是《传记集》，但乔尔乔·瓦萨里的《艺苑名人传》最负盛名。可是，自传愈加重视宣扬个人主义，作为现代文学史上这一类文学作品中的第一部巨著的作者，本韦努托是自己那个时代的一面旗帜。作者不在自传中体现自己的个性特征，不仅可能，而且确信。像特罗洛普那样努力限制自己，描述书中的人和事，并与之进行讨论，这并不是十六世纪的精神，但本韦努托已经超越了自己所处的时代。他内心坦荡，毫无保留地把自己的优缺点表露在众人面前。无论是公开的还是隐私的，喜欢什么，厌恶什么。他并未感到谦虚有什么必要，而是自然感情流露。他凭借着自己的魅力，激发了读者研究他的热情。解读他的品行。其中最典型的是关于西西里岛女孩安吉利卡的。

恰如其分的自我评价

的正确性切利尼凭借自己的魅力，毫不掩饰地表达自己的观点，态度颇为张扬，极具超凡脱俗的艺术气息。由于他的自负，表现出来的就不仅仅是个人主义，更是与人文主义共生的现象。这种从古罗马复兴的自我欣赏观念，在西塞罗那里并没有表现出多么和谐。因为他对自己艺术的过高欣赏，现代批判主义并不认同。作为铁匠，他的劳动很真实。现存的主要实例主要有法兰西斯一世的盐瓶，摆放在维也纳的皇家宫廷，创作一般化，文风也过于浮华。

在切利尼大量作品里，有一座是宾多奥托维特半身铜像。美国很幸运，拥有波士顿的约翰·L. 加德纳女士的许多著作，她没有像自己对手那样受到过多的影响，在十六世纪上半叶随着意大利艺术的衰落而没落。与早期文艺复兴时期或她同期的米开朗琪罗相比，加德纳女士更具有广泛的影响力和魅力，具有优秀的品质。她结束了依赖古代文化的传统，更关注与细节和精心布局，作为珠宝商，其作品与广泛意义上的永恒的雕塑艺术不同，她更趋向于招摇而奢华的装饰风格和致命的嗜好，结果在创作忽视了美学意义，所有被关注的细节和布局特点在她的书中都被放大了，这些在她自传里也有体现。技巧展示在珀尔修斯著作的描述中格外引人注意。整体统观其艺术形式几乎涵盖了十六世纪晚期的主要艺术，表现出一种消极敷衍的感觉，同时与他笔下的自发性互相映衬。这种感觉与他这个时期对自己的过度宣扬显得很不合时宜，使人们对他素为以勇气及成就为主题故事的真实性产生怀疑。其中有一些细节，如他因为经常恶心，便吐出蠕虫的部分，还有在罗马圆形大剧场看到恶魔的场景，实在让人难以置信。但是我们还必须认识这个人，他紧张而敏感，有些神经质，想象力使他的思想变为现实，还有一些，如毫无缘由的争吵，曾被怀疑是杀人犯，试图从圣天城堡逃走，这些在我们常人看了似乎难以发生。多数自传作品得到了那个时代其他作品的印证，文章的主要结构是可靠的，虽然存在过度渲染，但是艺术价值还是有所提升。而且充分利用了作品的中心人物。

本韦努托也是一位高产作家，他也是文艺复兴时期个人主义快速发展的产物，他多才多艺，仅位于诸位天才大家之后。如阿尔贝蒂、列奥纳多·达芬奇以及米开朗琪罗。他也是一位才华横溢的音乐家、金匠、雕塑家，还是一名剑客、神枪手，他的外交手段就像把自己当成小丑让大家开心的方法一样多。他今天是一名含情脉脉的情主，明天可能就是一个冷酷的刺客；他在被囚禁期间还精心策划，企图逃跑；他沉迷于神秘的宗教；他甚至可以为你呈现一首人们争相传诵的十四行诗或者较多的艺术研究文章；最后就是他留给人们的这本现存的最伟大自传著作。

切利尼的德行

切利尼还不能算是一名基督徒，本韦努托、阿雷诺克皆成为异教徒的典型，一是他全盘接受了所有古代的东西，甚至包括颓废的古罗马遗迹。一是不可避免地造成从自我发展到自我满足的退化。这些作家对文艺复兴时期的道德沦落过分地夸大，如约翰·西蒙兹，他们武断地下结论，只是依据对北方新教徒的认识和那时的中短篇小说，夸大并滥用了幽默手法。

十五世纪时，意大利伦理道德环境还比较健康，直到十六世纪，贬低人文主义和个人主义的思潮日益严重，最终贻害无穷。好在还没发展到人们认为不可收拾的地步。但是，在这本自传里几乎每一页都有违背当时道德标准的现象。切利尼可以抚养一个非婚所生的孩子，也可以像打猎一样随意杀掉一个敌人。他没有道德感，或者说并不清楚道德是什么，他信奉宗教，但是他的宗教感和道德没有任何关联。主要是来自于情感神秘主义和他自己的习惯与爱好。他其实已经摆脱了宗教的束缚，模仿异教徒的行为，放纵自己，古代的辉煌岁月已经逝去，留下的只是希腊与罗马的影子。

自传的价值

这本自传的历史意义不仅是因为描绘了当时的生活情景，还在于其中有对个人主义、多才多艺的文艺复兴后期异教徒的描写，其独具的内在价值风靡了十六世纪整个意大利文学领域。为同行专家所熟悉。本韦努托成功地发挥了自己的魅力并传播下去，他在人们眼里举止优雅，不仅是读者，就是他的朋友也喜欢聆听这些有趣的故事。其中最少有一般的吸引力和魅力来自于他的和蔼可亲的性格。很多时候故事就是以这样的形式在社会上传播的。他的演讲风格鲜明，托斯卡纳习语信手拈来，口头语生动活泼，挥洒自如，能熟练运用各种语法，是一个很健谈的人。这些特点都来自于他精于叙事技巧。他知道如何选择生动有趣的故事情节和细节，删减不相关的部分，很巧妙地避免往往会出现的高潮与细节的对比。他的伟大在于将各种技巧运用于无形之中，精于自由的表演。

富兰克林与伍尔曼

切斯特·诺伊斯·格里诺

在文学领域，传记是最杰出的代表，它具有的吸引观众的极强的号召力是其他作品无法比拟的。它既具有小说的情节跌宕的特点，又具有历史纪实的真实性。它对细节的刻画既不像历史纪实那样缺少感情色彩，也不像我们自己，只根据自己的生活制定生活规则，而且生活的规则还会随环境变化而进行调整。

自传尤其如此，我们高兴地看到，自传的文字既真实而又亲切；优秀的传记作家，需要广博的学识与才华，生动活泼而又富于哲理。能给我们提供历史的想象空间，这是一个优秀自传作品的精华所在。假如这样的自传能与当时的历史事实相结合，那就更具有历史价值了，从自传中可以理清历史事实的缘由与结局。如果作家专注于自己的人生，摆脱了自我意识，又喜好散文风格，那么即便他的生活历史的意义并不重要，但是我们也可以看到他记录自己生活的价值。如本杰明·富兰克林的自传就具有永恒的价值。（《哈佛百年经典》丛书，第一部 58 页（1706—1790），还有约翰·伍尔曼（1702—1772）的。

清教主义的瓦解

富兰克林和伍尔曼不是像文学作家那样在家里创作，他们提前走进了美国最重要的时代。伍尔曼是一名贵格会教徒，富兰克林以自己的口头评论表明了自己的立场：由于自己平时太忙，无暇去教堂，将会收到新英格兰地区的惩罚甚至驱逐，他们会默许将一些人流放，对一些人处以鞭刑，或将其他人都处死，由此使人们顺从创立者的神权政治理想。

但是到了十八世纪，发生了一些变化，人们对科学的兴趣逐渐增强，当时比较有影响力的作家有约翰·洛克，其他行业的地位日益比牧师重要了，商人也在不断崛起，对与母国的政治关系愈发关注，其他宗教教堂的建设超过了公理教会。这些变化的影响使十八世纪美国人的生活和文学与殖民地时期明显不同，他们自认为代表了美国思想的各个方面，但是这些思想在十八世纪后文学从英格兰和狭小的教堂里走了出来，才得以真正的繁荣。

富兰克林在文学与科学上的研究方法

富兰克林的经历有力地证实了这一点。他感觉到自己在波士顿极受约束，便搬到了费城。他认为应该为读者提供便利，于是便把精力投入到写作上了。

富兰克林在写作中运用了通俗的幽默与讽刺艺术，并对来自不同方面的感情冲突能包容。他关注积极的评论，通过不同的途径来完善机械性能，他在公共服务部门努力地组织工作，为民众谋取更多的利益。在长期的科学实验中，他的耐力、洞察力和逻辑性得到了极大的提高。他把自己在商业、科学和公共服务方面的精力都用在了关键的地方。

政治上的富兰克林

富兰克林在政治上也获得了巨大的成就，尽管还没有做到很完美。他料理政务，精于谋划，应对沉着；这使他对国外披露殖民主义的事实，传播美国民众的言论方面大有作为。他的干练与坚毅以及处事灵活的方法得到了法国人赞誉。所以作为殖民地的特使，为他开展工作提供了极大的便利；虽然他因为没有秉公用权，声誉受到了影响。但是他退休以后回到美国多年后仍然得到爱戴，一点不比在华盛顿时差。

富兰克林的道德观与宗教信仰

富兰克林能取得至今的良好成就，在于他有良好的管理水平。他的自传能如此深入人心，就在于运用一种系统的思路和方法规范自己的行为，培养自己的性格，用今天管理学的术语，我们称为“管理科学”，他像很多人那样，撰写了一份有关美德和格言的清单，尽管有人讥笑他的行为，但他并不会受到干扰，他保持着良好的习惯：每周运用表格来记录，每时每刻都在提醒自己在道德生活等重大方面能打多少分。

他一直严谨地奉行着自己的人生观，那些让清教徒深陷地狱的罪恶对于富兰克林来说是一件很遗憾的事。对他的伤害和所付出的代价让人们感到痛惜（遗憾）。他的优点是他获得支持的主要原因。清教徒在守夜和禁食期间得到了上帝的恩赐，富兰克林平静地等待着谨慎和美德所带来的生活成果。他给耶鲁大学主席斯泰尔斯的信中说："我在漫长的生活中经历了美好，虽然从未奢求，但是我相信这种美好会一直延续下去。"

约翰·伍尔曼的宗教信仰

约翰·伍尔曼的生活目标在各方面都与众不同，他写道："我一直坚持这样一种想法，我的一生要这样度过：没有谁能阻止我关注真正的牧羊人的声音。"这种生活原则在他的生活环境和他所获得的奖项中并不重要。所以我们不能称其为"事业"，继续发展下去，他会获得我们真诚的尊重。

在年轻时，伍尔曼就开始为自己错误和身边一些人放荡不羁的生活而苦恼，有时候他也想分享别人的生活方式，他时时关注自己的缺点，他发现"尽管自然是渺小的""但每一次尝试都是对自己尽心尽力服务于上帝的激励。"看到伍尔曼谦卑的语言，人们毫不怀疑他的错误实际上比他自己感受的要少得多。他对别人的警告让人感到是真诚的，是真正的出于对别人的良苦用心。

伍尔曼奴隶制

伍尔曼当过裁缝的学徒工，他感到巨大的财富既是诱惑也是烦恼，皆为身外之物，于是，他抛弃世俗的对生意的追求，踏上征途，开始探寻前方真理的道路。他开始担忧奴隶制的罪恶，但是这一制度还是在贵格会信徒中实行，他开始无声地抵制奴隶制度，他认识到奴隶制对后代是很残忍的。从他抵制的理由里我们就可以写出某个贵格会教徒奴隶主。伍尔曼对这种雇佣关系以及对他人的侵犯感到极为遗憾。但是从深层次说，他更认为："出于神圣的爱和真理于正义的名义，是一种与当前外在利益格格不入的手段，会因此招致人们的怨恨——尽管奴隶制开通了一条通向白银财富的路径和超过人类友谊之间的主仆关系。"

伍尔曼这种观点所带来的行为习性非常典型地表现在他的整个记事日记中。人们坚信他所说的沉醉的宁静与端庄是极为少见的。因为比起单纯地拒绝罪恶，他们会更加快乐。伍尔曼对人的关心仅仅是出于"通往心灵深处的纯粹的精神真谛。"就像他那样，人们被教育得安静地等待，有时会等好几个星期，直到听见上帝的声音，这样就可以摆脱个人主义和自我吹嘘的表象。

对于这两本富有教育意义而且有趣的自传，如果人们认为：一本是纯粹的崇高精神，一本是单纯的利己主义的故事，那就错了。尽管伍尔曼的行为与态度高于世界的常理，但仍然无法使这个伟大的改革实践在这个世界上迈开——哪怕是一小步。假如说富兰克林的生活相对质朴，那就应该记住，不论他的动机怎样，都是为了给国家带来各种利益，比如科学领域、文学领域、外交领域、实用工艺和公共福利等方面，即使我们不承认他在艺术生活领域所定下的规则，也应该给他应有的尊重；如果我们身边有富兰克林这样的人，就需要遮蔽他的一部分优点，这样才能使伍尔曼的内心之火不会熄灭。

约翰·斯图尔特·密尔

O. M. W. 斯普拉格

《约翰·斯图尔特·密尔自传》前三章的内容是关于他与众不同的教育方法和结果的，是全书中最有趣的部分。在他父亲的教育下，他从三岁起就开始学希腊语，十二岁时已经达到英语大学数学和音乐毕业的水平了，在历史哲学方面更是远远超过了大学学科的要求。以后他仍然孜孜不倦地追求他的学业，更加专业和独立；与相同学历的毕业生相比，他所达到的程度能超过其他人十年。不到二十岁时他就编撰了一部法律专业的著作，这对成年的研究者来说都是极不容易的事，他二十岁时，比同时人完成正常教育要提前五到十年，而现在人们接受正常教育都可以达到他当时的水平，也就不奇怪了。

所谓早熟的优势

对于密尔自己来说，勤奋的童年与青年时代是最幸福的。他在自传的开篇表达了自己这样的想法；他认为自己人生经验表明早期只是没有浪费时间，尽管人们承认父亲对年幼的密尔实施的严格训练好似有成效的；值得欣慰的是，在这个敏感阶段，教育方法没有受到影响。与常规教育方法相比，他的教育只是在节约时间上显出了优越。他让年幼的密尔开始运用成年人的思维写作，但是他并未取得应该更早的成就。正常生活之外的特定五到十年间，对于密尔整体的发展并未起到唯一的作用。我们得出结论之前必须明确：身体的优势与精神的敏锐性在早期的学习训练中起重要作用，毕竟经过连续的建设性的智力开发。保持思想开放也是很重要的。在这方面，密尔比世界上的许多思想家都要突出，但是似乎与他的教育本质没有特殊的关系。

密尔教育的不足

密尔的童年时代没有享受到像其他儿童那样的快乐，青年时代倒没什么遗憾。作为一名哲学家和心理学家，他可能会意识到因为童年和青年时期所接受的专业性知识学习而减少了生活知识的学习；这影响了自己的日常行为能力和领导力的培养。密尔的生活态度在多数情形下，特别是在早期，有些过于自信，他夸大了推理性结论在个体行为上所起的作用，同时也放大了其对社会变革的影响。人们认为密尔所节省的、从书本上学习知识的那几年，也使他自己失去了对异性的冲动和动机方面知识的学习。

密尔教育的另一个不足还待商榷，虽然他比较幸运地避免了威胁性的后果，他的父亲是一个极有名望的功利主义哲学家，他把这一学科分支的原则应用于个体以及社会发展各个方面的问题研究中，也不乏教条主义倾向。他在孩子尚不具备批判分析态度的阶段，就把自己的观点传授给孩子，其实孩子还不能比较其他思想观点、也无人生经历，更无法对此有独立的判断。密尔早期的作品也因此更为自然，并超出他父亲对这个具有超高智商孩子的期望。

情感的期望

在功利主义哲学发展的历史进程中，父亲向孩子传授功利主义哲学时所采取的方式并不能满足这个感情丰富的孩子的需求，他对这套枯燥无味的哲学内容很失望，因此也失去对工作的乐趣和努力创作的能力，自传最有价值的部分或许就是对这一时期压抑与焦虑的诠释，扩大视野、人性化的思维等重要方面给他带来多方面的影响。作为一名作家，他只有在品味自己的个性方面寻求自我安慰。

华兹华斯的诗歌对他有很大影响，一个人刚出生时，在天赋还没显露出来的情况下，很有可能通过早接触和学习哲学的某一部分而获得思想上的满足，并指导今后的工作与生活。

密尔对功利主义及自由主义的贡献

这一贡献主要体现在对功利主义伦理的贡献，他坚持“幸福就是乐趣的简单相加”的观点，把高质量的乐趣和低质量的乐趣区分开，认为高质量的乐趣远比低质量的乐趣重要。不过，密尔的不同乐趣的分类标准并不完整，也不充分。知识的多样性，尤其是心理学和社会学并没有因为目的性而得到充分发展，关于本话题和相关的其他话题，由于主要的研究方法和途径比额外的数据还要多，密尔的工作目前已经被后人所取代，进化假说和意义较为深远的其他学说，如科学心理学，都与密尔时期的知识分析心理学不一样了。

密尔的著作影响最深远的是1848年出版的《政治经济学原则》，密尔撰写这部著作有两个目的：一是他希望把公元1776年自亚当·斯密的《国富论》以来人们所做的关于各个不同主题的原则融合在一起，在亚当·斯密基础上继续阐述他们的实际应用技巧；在这方面密尔获得了成功。近些年许多作家都想达到这个目标，但是都没有成功。二是密尔想把经济原则和现象与自己的社会理想及社会哲学联系起来，这些社会理想和社会哲学的本质在他的自传中都有论述。值得注意的是：他的思想对他的妻子、对科学社会学之父奥古斯特·孔德的影响。当然，密尔的努力还不能说获得完全的成功，他著作中的经济部分和社会哲学部分没有很好地结合起来，而以自身兴趣努力完成的著作，在为解决社会及经济问题上寻求更多办法方面，他与其他经济学家一样都在有序进行着。

自传中所体现的个性特征需要获得人们的尊重与仰慕，人们对社会以及个人的殷切希望是对人类自身思想进步的分析和对自己著作的评论。密尔在著作中叙述的各种改革细节只靠单一的演讲是不可能实现的；需要指出的是，希望从以下几个方面获得更理想的结果：排除思想和行动、教育、自由的障碍。现在已经明确，排除障碍是积极改善方法的必要前提，所有的机会不可能全部被利用。在获得各项资格后，十九世纪自由主义运动促使人类又向前迈进了一大步，约翰·斯图尔特·密尔的著作是这场运动发起的有力推动者。